大模型动力引擎

PyTorch性能与显存优化手册

张爱玲 杨占略 ◎ 著

清華大學出版社

北京

内 容 简 介

本书致力于探索如何在大规模深度学习模型训练中，最大限度地提高性能和优化显存使用。本书面向深度学习从业者，尤其是希望深入了解并提升模型训练效率的工程师与研究人员。随着深度学习模型和数据规模的迅速增长，如何高效利用硬件资源，减少训练时间，成为当前AI系统工程的关键挑战。本书从硬件和软件的基础知识入手，逐步引导读者理解和掌握PyTorch的优化技巧。内容涵盖从单机到分布式训练，从显存管理到性能分析的多种优化策略，力求通过丰富的代码实例和深入的原理讲解，使读者能够在实践中灵活应用这些方法。

本书共分10章：第1~4章为基础知识，介绍深度学习所需的硬件与软件基础，帮助读者理解性能瓶颈的根源；第5~8章为优化策略，结合具体的代码示例，详细探讨训练过程中的各种优化方法及其背后的原理；第9和10章为综合实践，通过对GPT模型的优化实例，直观展示如何在实际项目中实施并衡量各种优化技术的效果。

本书适合希望优化现有模型的资深工程师，也适合初次接触PyTorch性能优化的新手，本书将提供实用的指导和技术支持，帮助读者在日益复杂的深度学习领域中保持竞争力。

图书在版编目（CIP）数据

大模型动力引擎：PyTorch 性能与显存优化手册 /
张爱玲，杨占略著 . -- 北京：清华大学出版社，2024.
10. -- ISBN 978-7-302-67347-7

Ⅰ . TP181-62

中国国家版本馆 CIP 数据核字第 2024MA3202 号

责任编辑：申美莹　杜　杨
封面设计：杨玉兰
版式设计：方加青
责任校对：胡伟民
责任印制：宋　林

出版发行：清华大学出版社
　　　　网　　　址：https://www.tup.com.cn，https://www.wqxuetang.com
　　　　地　　　址：北京清华大学学研大厦 A 座　　　　邮　　编：100084
　　　　社 总 机：010-83470000　　　　　　　　　　邮　　购：010-62786544
　　　　投稿与读者服务：010-62776969，c-service@tup.tsinghua.edu.cn
　　　　质 量 反 馈：010-62772015，zhiliang@tup.tsinghua.edu.cn
印 装 者：北京联兴盛业印刷股份有限公司
经　　销：全国新华书店
开　　本：170mm×240mm　　　　印　　张：14.5　　　　字　　数：355 千字
版　　次：2024 年 10 月第 1 版　　　　印　　次：2024 年 10 月第 1 次印刷
定　　价：89.00 元

产品编号：105815-01

前言

2022年底，由OpenAI发布的ChatGPT展现了人工智能（Artificial Intelligence，AI）与人类进行流畅对话和问答的专业能力，刚一发布就引发了巨大关注。作为生成式AI领域的第一个现象级产品，ChatGPT已经在搜索、编程、客服等多个领域显著提升了人类的工作效率。人们不仅对AI模型目前的能力感到惊讶，更对其跨行业多领域的应用潜力感到振奋，许多人甚至认为一个由人工智能驱动的第四次工业革命已经拉开序幕。

ChatGPT的成功不仅归功于其出色的模型架构，还得益于其在工程方面的极致优化——这个庞大的模型基于海量互联网文本数据，在由超过一万张GPU组成的计算集群上进行了数月的训练。这不仅需要在稳定性和性能方面对分布式训练策略进行极致优化，还充分挑战了当前软件和硬件的极限，成为了AI工程领域的里程碑。

AI系统工程（AI Systems Engineering）是AI算法与系统的交叉领域。从训练到部署，所有涉及软件和计算集群的部分几乎都可以划为AI系统工程的范围，包括持续优化的GPU硬件架构、建立高速互联的GPU数据中心、开发用户友好且可扩展的AI框架等。目前市面上有许多关于AI算法和模型架构方面的书籍和课程，但关于AI系统工程的资料却非常稀缺。这些工程实践技巧通常散落在用户手册、专家博客，甚至GitHub问题讨论中，由于覆盖面广且知识点分散，新入行的工程师在系统性构建AI系统工程知识体系时面临诸多挑战。

因此，本书致力于实现以下两个目标：

- 从深度学习训练的视角讲解AI工程中必要的软硬件组件，帮助读者系统性地了解深度学习性能问题的根源。详尽分析硬件参数和软件特性对训练效果的影响，并提供了一套从定位问题、分析问题到解决问题的流程。
- 深入探讨应对数据和模型规模快速增长的具体策略。从显存优化到训练加速，从单机单卡到分布式训练的优化，系统地介绍提升模型训练规模和性能的多种途径。我们希望读者能够理解这些策略各自的优势与局限，并根据实际情况灵活应用。

本书将通过PyTorch代码实例演示不同的特性和优化技巧，尽量避免使用晦涩难懂的公式，通过简单的例子讲清问题的来龙去脉。然而，AI系统工程是个非常宽泛的交叉领域，无论是书籍的篇幅还是笔者的实际经验都有一定的局限性，因此本书很难面面俱到地涵盖所有内容，比如：

- 本书不涉及模型架构的算法讲解。我们假定读者已经对要解决的问题和可能使用的模型架构有所了解，甚至已经有一些可运行的雏形代码，以此作为性能或显存优化的基础。
- 本书通常不会介绍PyTorch等工具的API接口和参数设置细节，除非这些信息与优化直接相关。这类信息在各工具的官方文档中已有详尽的描述和丰富的代码示例，且可能随版本更新发生变化。如果读者在使用这些接口时遇到问题，建议直接参考相关文档。本书的目标并不是成为这些文档的中文版本，而是阐释其中的原理和思路，使读者能够更灵活地使用这些工具。
- 本书不涵盖专门针对推理部署设计的算法、性能优化和专用加速芯片等知识。模型推理的技巧通常与特定应用紧密相关，有时为了追求极致的性能，甚至需要采用一些非常规的技巧。因此，模型推理不是本书的重点，我们将聚焦于更具通用性的训练部分。
- 本书在讨论自定义算子时会简要提及CUDA语言，但不会深入讲解如何使用CUDA编写高性能算子。CUDA作为一种专业性很强的编程语言，需要对GPU硬件架构和并行计算有深入了解。然而，即便没有CUDA相关背景，也不影响对本书内容的理解和应用。希望深入研究CUDA的读者，可以在网上找到大量高质量的书籍和教程。

本书将从工程的角度着手，解决模型训练中的规模和效率问题。即使读者不熟悉这些内容，也无须担心。如图0-1所示，书中内容将分为10章，由浅入深地进行讲解。

第1~4章从硬件和软件的基础知识入手，详细介绍深度学习所需的软硬件知识和定位性能瓶颈所需的工具。

第5~8章结合具体的代码实例，逐一探讨训练过程中的优化策略背后的原理和思路。

第9和10章重点介绍综合优化的方法和实践。结合GPT-2模型的优化过程，直观展示每种优化技术的使用方式和实际效果。

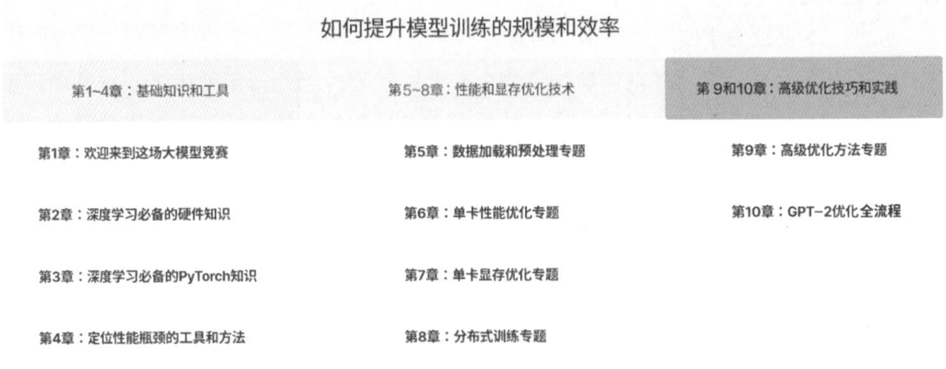

如何提升模型训练的规模和效率

第1~4章：基础知识和工具	第5~8章：性能和显存优化技术	第9和10章：高级优化技巧和实践
第1章：欢迎来到这场大模型竞赛	第5章：数据加载和预处理专题	第9章：高级优化方法专题
第2章：深度学习必备的硬件知识	第6章：单卡性能优化专题	第10章：GPT-2优化全流程
第3章：深度学习必备的PyTorch知识	第7章：单卡显存优化专题	
第4章：定位性能瓶颈的工具和方法	第8章：分布式训练专题	

图0-1　本书知识架构

除此以外，本书中的示例代码是基于Linux（Ubuntu 22.04）开发和验证的，但是所使用的大部分工具也有对应的Windows版本。部分Linux专有工具如htop等，在Windows上也应能轻易找到替代品。因此，无论使用Windows还是使用Linux的读者都能顺畅阅读本书。

本书将优先使用专业术语的中文版本。然而，由于深度学习领域的许多术语缺乏统一的中文翻译，在某些场景中使用英文会更有助于读者的理解。例如，"BatchSize"在日常使用中比其中文翻译"批处理大小"更常见，而在衡量模型参数量大小时，"M"和"B"相比于它们的中文"百万"和"十亿"来说也是更通用的说法。除此以外，在部分示意图中还会出现使用"Tensor"替代"张量"的情况。综上所述，我们将在必要时使用英文术语或缩写，并在它们首次出现时在括号中提供相应的注释以帮助读者理解。

此外，本书对部分性能图谱的图片进行了黑白化处理，以便突出关键内容和标注。书中首次出现的重点概念将以黑色粗体显示，关键结论则会以蓝色粗体显示，帮助读者识别和记住这些重要内容。

致谢

在本书的写作和审阅过程中，我们得到了许多朋友的宝贵帮助和支持。在此，特向他们表示诚挚的感谢。

在技术内容方面，罗雨屏对全书进行了全面的审阅和指导；张云明对第1章和第2章提出了宝贵的建议；刘家恺对第1章至第6章提出了宝贵的意见；兰海东细致审阅并修改了第2、3、6、7章；王宇轩对第2章进行了细致的审阅和优化；许珈铭对第2章和第6章提供了具有建设性的建议；路浩对第3章和第4章进行了细致的修订；严轶飞对第4章进行了详细的校订，确保内容准确；蒋毓和田野为第5章提供了宝贵的反馈和审阅；王雨顺对第7章进行了深入的改进；申晗对第7章至第9章提出了建设性的修改建议；与Prithvi Gudapati的讨论修正了书中设置PyTorch随机数种子的方法。

在图书策划方面，姚丽斌、申美莹和栾大成在全书的策划和编辑过程中给予了宝贵的建议；王承宸为本书生成了清晰美观的代码图；戴国浩提供了实验用的机器，保障了实验的顺利进行。

此外，在本书的写作过程中，笔者借助了ChatGPT进行大量文字润色工作，大大提升了写作效率。书中的图表主要使用Keynote[1]和FigJam[2]进行制作，代码示例使用基于Carbon[3]的命令行工具carbon-now-cli[4]生成，非常感谢社区提供的这些实用工具。

最后，本书的写作时间以及笔者的经验有限，书中如有错误和疏漏，恳请读者批评指正。

---

[1] https://www.apple.com/keynote/

[2] https://www.figma.com/

[3] https://carbon.now.sh/

[4] https://github.com/mixn/carbon-now-cli

代码文件

本书的代码文件下载地址为：

同时也在如下GitHub地址备份更新：
https://github.com/ailzhang/EfficientPyTorch

目录

大模型动力引擎——PyTorch性能与显存优化手册

欢迎来到这场大模型竞赛

我们正迎来大模型井喷的时代，深度学习模型的创新和突破层出不穷。随着GPT、Stable Diffusion、Sora等模型的问世，大模型已经在文本、图片和视频生成领域展示了其强大的能力。读者可能会好奇，训练这些庞大模型的过程究竟是什么样的，需要多少资源和时间？未来，普通人是否也有机会训练出属于自己的私有大模型呢？

在尝试训练一个大模型时，我们通常会遇到两个主要挑战：

- 这个模型能否在现有硬件环境中运行？
- 需要多长时间才能完成一个数据集的训练？

这两个问题的核心也正是大模型的规模定律（Scaling Law[1]）中提到的对模型表现有重大影响的两个要素：模型规模和数据规模。

1　https://arxiv.org/pdf/2001.08361

1.1 模型规模带来的挑战

我们首先从模型规模说起。很多读者刚入门深度学习时，可能是从ResNet、Google-Inception等经典模型开始学习的。然而，工业界现有模型的规模与这些入门级模型之间存在数量级的差距。短短几年间，"大模型"的代表已经从BERT-Large的0.3B（3亿）参数量迅速发展到GPT-2的1.5B，甚至GPT-3的175B。

我们以GPT-3为例简单估算其模型参数和优化器需要占用的显存大小。假设模型使用单精度浮点数存储[1]，每个参数占用4字节，模型参数需要占用700GB的显存；而Adam优化器的显存占用是参数的两倍，也就是说至少需要2100GB以上的显存才能容纳GPT-3模型和优化器。这甚至还未包括训练过程中动态分配的显存。

目前单张NVIDIA GPU最大的显存容量为80GB（如A100、H100等），而仅GPT-3模型和优化器所需的2100GB显存就已远远超过单卡的显存极限。这意味着，为了运行GPT-3，除了进行显存优化外，还必须采用分布式系统，让多个GPU节点共同承担庞大的显存需求。因此，显存成为模型训练的硬性门槛。在实际应用中我们通常会先优化显存占用，再优化速度。

事实上，现行工业界最大模型的规模早已超越了GPT-3，使得显存优化和分布式训练技术的重要性愈发突出。以语言模型为例，从图1-1中可以看出，近年来其模型规模呈现数量级的增长，过去五年间已经翻了近百倍。

图1-1　以大模型为例展示模型参数规模的增长趋势。本图基于Epoch AI Database[2]于2024年5月的数据绘制，选取了语言模型领域引用次数超过100的部分模型。

1　该假设仅作为示例，实际训练中可能使用低精度的数据类型。

2　https://epochai.org/data/epochdb

1.2 数据规模带来的挑战

如果说模型规模的增长带来的是不断增长的显存占用，那么数据规模的增长带来的则是越来越长的训练时间。不同于入门级的MNIST、COCO、ImageNet这些最多百万样本量的数据集，工业界现行的数据集如Laion-5B、Common Crawl等已经达到10B甚至100B规模了。表1-1以图像领域为例展示了数据集样本数量快速增长的过程。读者可能并不理解100B数据意味着什么，那么不妨通过训练时间来建立一些直观的认识。按照估算[1]，GPT-3如果在100B个token[2]的Common Crawl上训练，如果只用一张V100计算卡训练，需要355年才能跑完全部的数据集——也就是要从康熙年代开始训练，才能赶上今年发布。为了在合理的时间内完成训练，我们不仅需要进行单卡性能的极致优化，还需要借助分布式训练系统进行并行处理，以加速模型的训练过程。

表1-1　图像领域常用数据集的数据规模

数据集	MNIST	Coco 2017	ImageNet2012	Laion-400M	Laion-5B
样本数量	~60K 图片	~118K 图片	~12M 图片	~400M 图片文本对	~5B 图片文本对

尽管当前的数据集规模已经相当庞大，但其增长速度依然惊人。今天的100B大数据集，可能在几年后就会变成中等规模的数据集。正如图1-2所示，近年来深度学习模型训练使用的数据规模呈现指数级增长态势。

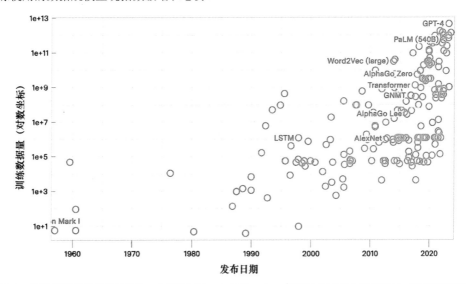

图1-2　训练用数据量的增长趋势。本图基于Epoch AI Database[3]于2024年5月的数据绘制，展示了所有领域模型训练使用的数据量并启用了"Show outstanding systems"标注。

1　https://lambdalabs.com/blog/demystifying-gpt-3

2　模型处理数据的基本单位

3　https://epochai.org/data/epochdb

模型规模与数据规模的双重增长，最终都会反映到训练模型所需的成本和训练所需时间上。以Mosaic ML在2022年底发布的GPT系列模型的训练成本估算为例[1]，如图1-3所示，随着模型参数量的增加，训练时间和成本呈指数级增长。这种增长速度凸显了大规模模型训练在资源和时间上的巨大挑战。

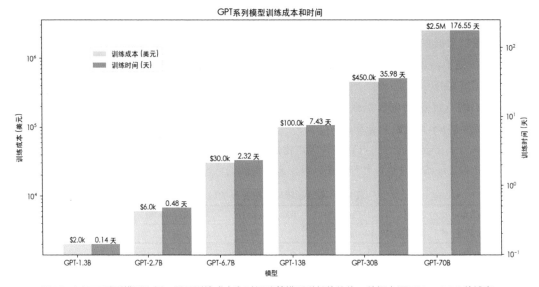

图1-3 以GPT系列模型为例，展示训练成本和时间随着模型增长的趋势，数据来源于MosaicML的博客。

1.3 模型规模与数据增长的应对方法

模型规模和数据规模的增长最直观的影响就反应在训练的成本上，因为我们需要更多的机器且需要训练更长的时间，这也使得显存优化和性能优化显得尤为重要。显存优化可以降低模型的训练门槛，用更少的GPU实现相同规模的训练；而性能优化则可以用更短的时间完成模型的训练，这也变相降低了训练的成本。

然而显存优化和性能优化并不是简单的工作。模型的完整训练过程包括若干不同的训练阶段，必须搞清楚不同阶段的算力需求和特点，才能进行针对性的优化。

先来看一下完整的模型训练过程都包含哪些阶段。整体来说，对于最常见的训练过程，每一轮训练循环都包括5个串行的阶段，分别是数据加载、数据预处理、前向传播、反向传播、梯度更新。在此基础上，如果有多张GPU卡甚至多台训练机器可供使用，

---

1 https://www.databricks.com/blog/gpt-3-quality-for-500k

还可以把每个GPU看作一个节点，进一步将计算任务分散到不同节点形成分布式训练系统。分布式训练也因此会多出一个额外的阶段，也就是节点通信，如图1-4所示。

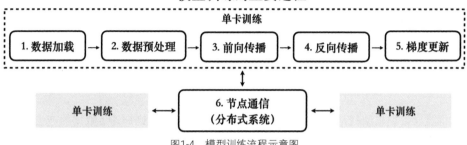

图1-4 模型训练流程示意图

讨论一下，这些训练阶段各自的优化重点是什么。首先，数据加载是指将训练数据从硬盘读取到内存的过程。为了避免训练程序停下来等待硬盘读取数据，可以通过将数据加载与模型计算任务重叠来进行优化，例如使用预加载技术。这部分内容将在第5章：数据的加载和处理中详细讨论。

接下来是数据预处理，即在CPU上对加载到内存中的数据进行简单处理，以满足模型对输入数据的要求。为了避免数据预处理成为训练的瓶颈，可以使用离线预处理技术或优化CPU预处理代码的效率。这部分内容将在第5章：数据的加载和处理以及第6章：单卡性能优化中讨论。

前向传播是模型训练的前向计算过程，以计算损失函数（Loss）为终点；反向传播则是梯度计算过程；参数更新则是根据梯度方向对模型参数进行更新。这三个阶段的计算主要依赖于GPU设备。GPU设备的峰值浮点运算能力（peak FLOPS）和显存容量是单卡训练规模和速度的主要限制因素，也是优化的重点。因此，在第6章和第7章中，将分别介绍一些通用的单卡性能优化和显存优化技巧。

然而，单卡的计算能力和显存容量存在较大限制。如果需要进一步提升模型规模或加快训练速度，可以将计算和显存分配到多张GPU上，通过节点通信来协同完成更大规模的训练。在第8章中，将详细讨论不同的分布式训练策略及其对节点通信的优化方法。

除了常规的性能优化和显存优化技术外，我们特别准备了第9章：高级性能优化技术。这一章将深入探讨一系列"高投入、高风险、高回报"的优化方法。这些高级技巧有望显著提升GPU的计算效率，但其原理较为复杂、调试相对耗时，因此更适合对训练的性能优化有较高要求的读者。

在第10章：GPT-2优化全流程中，将结合实战，将本书介绍的大部分性能和显存优化技巧串联起来。通过实际案例探索不同优化技巧的应用方法和实际效果。

深度学习必备的硬件知识

深度学习归根结底是数据催生的科学，而互联网的发展则加速了数据的产生——人们每天在互联网上的活动都会制造大量的文本、图片、视频数据。时至今日，一些规模庞大的数据集比如Common Crawl、Laion-5B等，都是通过清洗网络数据得到的。因此，可以说互联网技术的发展加速了大模型时代的降临。

然而这些与日俱增的数据样本对硬件提出了很大挑战。首先大规模数据自然依赖更大容量的硬盘和更快的硬盘读写速度。除此以外，还需要表达能力足够强的模型来充分"消化"这庞大的数据量，这带来了模型参数规模的显著膨胀，比如175B参数量的GPT-3、314B参数量的Grok-1等。要运行这些庞大的模型，必须有足够的内存和显存，以及高性能的CPU和GPU进行计算。为了在合理的时间内完成训练，必须通过多个独立GPU计算节点的协同工作来加速这一过程，这正是分布式训练系统的核心。此外，为了确保分布式系统的高效运作，需要低延迟、高通量的节点间通信支持，因此也衍生出了如NVLink这样专门用于提升通信效率的硬件技术。

上面这段论述中，提到了诸多硬件单元，包括硬盘、内存、显存、CPU、GPU、NVLink，还有更多没提到的其他硬件概念比如PCIe、DMA、NVMe等。有经验的读者可能还听说过一些芯片内部的硬件结构，比如多级缓存、流式处理器、CUDA Core等；甚至还混淆了一些软件术语，比如线程、线程块等。那么这些硬件单元各自有什么功能，又是怎么相互作用的？常见的软件概念，如线程和CUDA核函数，又是如何与这些硬件单元相对应的？这一章就来深入探讨这些问题。

仔细想想，讲解各个硬件单元的功能、内部组成以及架设于硬件之上的编程模型，这其实属于计算机组成原理的范畴。然而这里不会深入到非常底层的硬件结构，基本不会涉及寄存器级别，更别说锁存器甚至逻辑门电路了。相反，本书会讲解一个深度学习特供版的计算机组成原理框架，目的是将PyTorch训练过程中涉及的基础硬件知识讲清楚。学习本章后，读者可以了解到都有哪些硬件单元支撑起了整个训练过程，以及这些硬件单元的功能和关键参数。

本章内容将分两个方向展开，一方面我们梳理清楚CPU、GPU、硬盘、存储设备等独立硬件单元各自的功能和联系，最终能够把它们的功能串联在一起。另一方面，针对这些关键硬件单元，我们将深入讨论它们的内部结构和关键性能指标，以帮助读者更好地理解这些硬件是如何影响模型训练的。

大模型动力引擎——PyTorch性能与显存优化手册

2.1 CPU与内存

深度学习的前身是人工神经网络，其最早可以追溯到20世纪50年代的感知器（perceptron），那个时候还没有现在这些五花八门的硬件设备，甚至GPU都还没有出现。实际上，如果目标是完成模型的训练而且对性能要求不高，使用CPU也是可行的。

一个深度学习模型的基础计算单元是"算子"，而一个算子本质上是将输入映射为输出的计算过程。比如一个平方算子所代表的计算如下：

$$out = torch.pow(x, 2)$$

在PyTorch中，输入和输出的数据都存储在内存中，因此一个算子的计算流程，可以简化成图2-1中的表示。

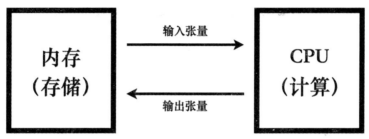

图2-1　CPU算子的计算流程示意图

对于CPU-内存体系来说，所有算子的计算几乎都遵循以下步骤：

（1）从内存中读取输入数据。

（2）对读取到的数据调用若干CPU指令，完成算子计算。

（3）将计算结果写回内存中输出对应的位置。

下面来进一步讲解内存和CPU的硬件细节。

2.1.1　内存

内存通常指的是随机访问存储器（RAM），这里"随机"表示内存地址的排布方式与列表类似，允许直接访问任意地址的数据。内存主要用于当前运行程序的临时存储，当机器断电时内存上存储的数据也会随之消失。我们将图2-1中的内存部分展开，如图2-2所示。

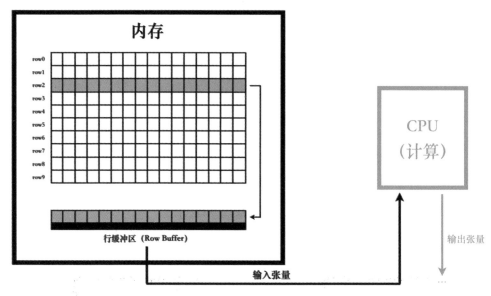

图2-2　内存的内部结构示意图

在本书中内存默认指代主内存，属于动态随机访问存储器（DRAM）。读者可能还听说过缓存（cache）的概念，缓存一般是静态随机访问存储器（SRAM），其成本往往比DRAM高出许多，因此存储容量相对较小。缓存用于加速芯片内部的数据读写效率，其容量和读写速度需要与其他芯片单元的频率、计算效率相匹配，所以缓存往往属于芯片的一部分而不在主存当中。

对于主存来说，其核心性能指标包括以下三个部分：

- 内存容量：决定内存能够容纳的数据总量，经验上内存容量最好是GPU显存容量的两倍以上。
- 内存频率：决定了内存的读写效率。
- 通道数：注意这是主板的参数。双通道或者四通道内存读写，能够直接将内存带宽提高相应的倍数，配合软件支持可以将内存读写速度提高数倍。

在购买内存时，商家有时还会特意标注DDR4、DDR5等内存规格。DDR4、DDR5描述了内存的技术标准、芯片组织结构以及控制算法等诸多细节。相较于DDR4，DDR5主要的性能提升在内存容量和带宽方面，在选购时我们需要关注主板的内存插槽是否支持相应规格的内存。作为例子，表2-1给出一个商用内存的参数和规格。

表2-1　内存的配置参数表

Crucial 64GB (2 x 32GB) 288-Pin PC RAM DDR5	性能数值
内存容量	64 GB
内存频率	最高 5600 MHz
通道数	支持双通道配置（需要主板兼容）

2.1.2　CPU

我们将图2-1中的CPU部分展开，如图2-3所示。

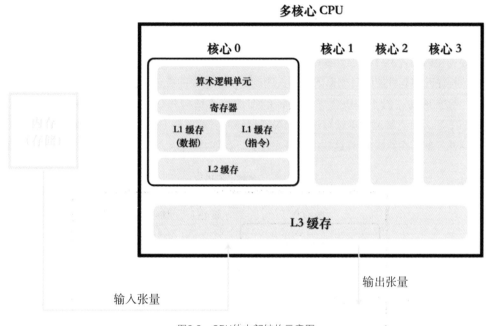

图2-3　CPU的内部结构示意图

CPU是计算机系统中负责执行访存、跳转、计算等基础指令的硬件。一个算子往往由若干基础CPU指令组成，所以一个算子的执行本质上是重复执行以下步骤：

取出指令 → 翻译指令 → 读取内存数据 → 执行指令 → 结果写入寄存器（内存）

显然，指令执行是CPU最核心的功能，其执行效率自然也是CPU最为重要的性能指标之一。CPU指令执行的效率一般由**CPU频率**（clock speed）来衡量。严格来说，要衡量CPU的计算性能还需要关注流水线设计（pipeline）和指令发射数（issue width），历史上也确实有一些制造商利用流水线级数来取巧，不过这终归是时代的尘埃了。对于普通读者来说，关注到CPU频率就已经完全足够了。对于现代CPU而言，可以笼统地说CPU频率越高其计算速度越快。

CPU频率衡量的是单个CPU核心的指令执行效率，然而现代CPU往往采用多核心设计，这是为了提高CPU并行处理任务的速度。**CPU核心数量**对于深度学习任务的重要程度不亚于CPU频率，这是因为更多的核心数量能够显著提高训练过程中数据加载、清洗和预处理等任务的速度。

除了执行计算之外，我们会发现CPU的指令流水中还有一个关键的步骤，就是内存数据的读取和写入。然而，与CPU的指令执行速度相比，内存的读写速度较慢，常常成为性能的瓶颈。为了解决这一问题，CPU提供了多级缓存来加速小规模数据的读写。现代CPU一般存在三级缓存结构，即L1、L2、L3缓存。尽管缓存的大小和速度对CPU性能有一定的间接影响，但在选择CPU时，缓存通常不是主要考虑的因素。

CPU技术是与时俱进的，在部分现代CPU中还会标注一种新参数，称为**加速频率**（boost clock），在Intel CPU里也被称为睿频。这个加速频率相当于在基础CPU频率之上，加入了一个动态的频率范围——CPU在需要时自动超频，以提高计算效率。然而睿频的实际效果很大程度上取决于芯片功耗、调度算法的优化水平、芯片及系统的散热水平等多个因素，其性能提升程度不稳定。因此加速频率也不是CPU的重点参数，甚至在测试程序时间和性能的时候需要将其关闭确保测量结果的稳定[1]。

综上所述，对于深度学习而言，CPU的核心结构包括负责计算的算数逻辑单元（ALU）、负责加速数据读写速度的多级缓存，在此基础上还会采用CPU多核心设计来增加并行度。在图2-3中将这些细节补充进去，如图2-4所示。

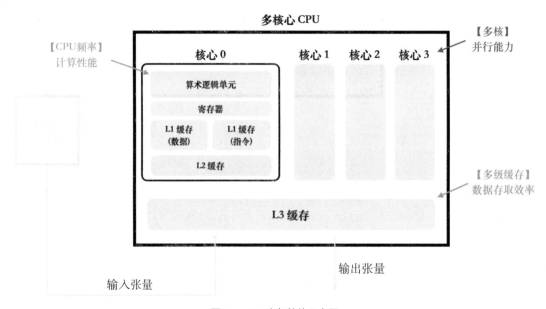

图2-4　CPU内部结构示意图

因此在选购CPU时，我们应该主要关注如下参数：

● CPU基础频率：决定单核CPU的计算效率。

● 核心数量：决定CPU的并行能力。

● 其他次要指标。

（1）缓存大小：影响CPU数据读写的效率。

（2）加速频率：支持动态超频，对峰值性能有帮助。

作为更具体的例子，我们进一步给出一个商用CPU的参数列表，如表2-2所示。

1　某些厂商的CPU只标注"最大动态频率"或者"最高睿频"，还应注意与基础频率加以区分。

表2-2　商用CPU的参数列表

AMD Ryzen 9 7900X	性能数值
基础频率	4.7 GHz
核心数量	12 核
缓存大小	L3缓存：64 MB L2缓存：每核 12 MB
加速频率	5.6 GHz
超线程技术	支持，每个核心可以同时处理2个线程

2.2 硬盘

在2.1节中提到，算子是深度学习模型的基本组成单元，而算子的计算一般包括三个步骤：

（1）从内存加载张量数据。

（2）将张量数据送入CPU中进行若干计算。

（3）将结果写回输出张量的内存中。

那么内存中的数据是从哪里来的呢？一般来说数据是存储在硬盘上，在训练的过程中从硬盘动态地读取到内存中，然后送入计算芯片参与相应的运算。这一过程如图2-5所示。

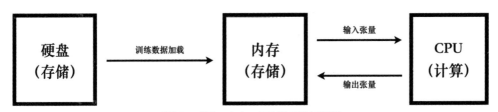

图2-5　硬盘、内存、CPU的硬件示意图

硬盘属于非易失性存储介质，在没有供电的情况下也能长期保持数据状态，这是其与内存最本质的差别。硬盘按照存储技术的差异分为**机械硬盘（HDD）**和**固态硬盘（SSD）**两种，其中固态硬盘的读写速度要远胜于机械硬盘，而机械硬盘则只在成本上具有优势。

硬盘的读写行为大致分为两种模式：

● 随机读写模式：高频率读写小规模数据。

● 连续读写模式：需要读取大文件或顺序访问数据。

这两种读写模式的效率一般会分别标注。随机读写模式的效率以硬盘的IOPS（input/output operations per second）为单位进行衡量；而连续传读写模式的效率则以MB/s（megabytes per second）为单位进行衡量。为什么两种读写模式的效率需要分别标注呢？这需要我们简单了解一下硬盘的工作原理。

从硬盘读取数据到内存实际上涉及两个步骤：从磁盘读取数据到缓冲区，以及从缓冲区传输数据到内存。其中从硬盘读取数据的启动延迟很高，也因此往往成为随机读写模式的瓶颈。而连续读写数据的效率则由硬盘连续读写速度、数据传输速度共同决定。

将图2-5中的硬盘部分展开，如图2-6所示。

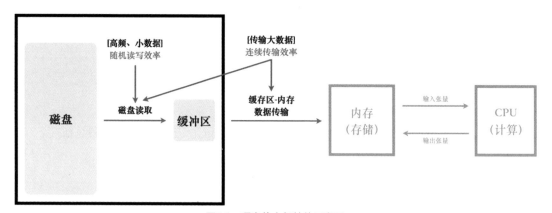

图2-6　硬盘的内部结构示意图

一般来说读写模式的效率由硬盘读取速度和数据传输速度共同决定。随着硬盘读取效率的不断提高，读写效率的瓶颈慢慢开始出现在了数据传输阶段，所以在SATA固态硬盘的基础上，又发展出了NVMe固态硬盘。NVMe固态硬盘使用传输效率更高的PCIe传输通道，在读写性能上往往超出SATA固态硬盘许多。

综上所述，我们在选购硬盘时应该主要关注如下性能参数：

● 硬盘容量：影响数据容量。

● 硬盘随机读写速度：影响频繁随机访问文本片段或小文件的速度。

● 硬盘连续读写速度：影响顺序访问数据的读写速度。

● 接口类型和协议：影响缓冲区到内存之间的传输速度。

作为参考，这里给出一个商用硬盘的实际参数，如表2-3所示。

表2-3　商用硬盘的参数列表

KingSpec XG 7000 1TB M.2 2280 PCIe 4.0x4 NVMe 1.4	性能数值
硬盘容量	1TB
随机读写速度	随机读取：710 000 IOPS 随机写入：610 000 IOPS

KingSpec XG 7000 1TB M.2 2280 PCIe 4.0x4 NVMe 1.4	性能数值
连续读写速度	连续读取：7 400 MB/s
	连续写入：6 600 MB/s
接口类型和协议	PCI Express Gen 4.0 ×4
	NVMe 1.4

需要注意的是，这一小节提到的"硬盘"更多的对应于数据的本地存储。对于非常庞大的数据，往往还会采用云存储的方式，也就是在"硬盘"的基础上拓展而成的更为复杂的数据系统。这种云存储严格来说不属于硬件范畴，所以留到2.4节讲解分布式架构时再进行讨论。

2.3 GPU

到目前为止本书实现了基于硬盘、CPU、内存构建的模型训练系统，也能正确地完成完整的训练过程。然而人们发现使用CPU完成深度学习计算任务的效率还是太差了，所以在2000年左右开始把训练任务往GPU上迁移。为什么CPU不适合处理深度学习类型的计算呢，为了回答这个问题首先要了解CPU擅长的方向。

2.3.1 CPU的局限性

在计算机系统中，CPU扮演的是一个全能型的角色，可以说是一个"六边形战士"。这里的全能是针对CPU擅长的指令类型而言的——CPU既能处理好计算指令、访存指令，也能够处理好跳转等逻辑指令。

我们常说CPU擅长处理复杂的任务，这里的复杂其实是指任务的逻辑复杂。一般情况下当我们说一个程序很复杂的时候，往往意味着里面有大量的if-else分支，一般还和while、for等循环纠缠在一起，这正是CPU擅长处理的复杂逻辑任务。在计算机底层，CPU支撑起了整套操作系统，不管是进程管理、虚拟内存机制，还是异常中断与处理，都涉及大量的逻辑指令和读写指令，而单纯的计算指令反而没有想象中那么重要。

设计规格相似、制成工艺相当的芯片，其集成度是有限的。我们可以简单理解成芯片受其功耗和面积的制约，不能无限制地堆叠逻辑电路。这样来看，一个"全能"的芯片往往意味着在每个任务上表现都相对平庸，这也是为什么CPU在处理计算密集型任务时不如GPU或其他异构芯片高效的原因。

那么如果想要从硬件层面加速计算密集型的程序，一个很自然的想法就是让CPU只处理复杂的交互逻辑，再额外引入一个专门的计算芯片来处理密集的计算任务。这就需要我们在软件层面上对程序任务进行划分，将一个程序涉及的所有任务都分为两种类型：

- 外围任务：业务代码、API接口、用户交互等逻辑复杂的任务。
- 内核任务：高度内聚的计算密集型任务，逻辑分支很少。

因此，我们可以利用CPU来处理外围代码，而将核心计算任务交由专用计算设备如GPU执行。一个典型的例子是游戏程序，其中用户交互、用户界面（UI）、音频等部分由CPU负责处理，而图形渲染和物理仿真等核心计算任务则由GPU执行。这种硬件间的"分工合作"模式在移动设备中也得到了广泛应用，例如，智能手机中的ISP（Image Signal Processor，图像信号处理器）负责图像处理，而神经网络处理器（neural processing unit）则专门处理张量和矩阵运算。

深度学习领域同样采纳这种分工方法，核心的计算任务通常被封装成算子并在GPU上执行，而较为复杂的逻辑调度任务则由CPU处理。这样的做法有效地利用了各类硬件的专长，优化了整体计算效率。

2.3.2　GPU的硬件结构

深度学习属于计算密集型任务。前文提到，深度学习模型是由大量算子组成的，而大部分算子的实现以计算为主，几乎没有特别复杂的逻辑分支。

深度学习的计算还有一个特点，即输入的各个元素之间独立性很强，有很大并行计算的空间。可以简单想象一下 torch.add 计算，几乎每个张量元素的加法都是独立的，可以与其他加法操作并行。甚至线性、卷积等算子的并行加速效果还要更明显。

这也解释了为什么模型训练任务尤其青睐GPU，因为GPU不仅擅长数值计算，其芯片设计上还专门为并行计算进行了特化。在训练系统中加入GPU之后，我们将原先放在CPU上的算子计算移到GPU上面。但是GPU的计算核心并不能直接从内存读取数据，于是在二者之间又加入了**显存**（VRAM）这个额外的存储元件。GPU计算核心与显存的关系可以简单理解为CPU核心与内存之间的关系。当需要在GPU上进行计算时，先要将张量数据从内存读取到显存，随后从显存读取数据到计算核心完成运算，而计算结果写回内存则会经历完全相反的过程。此时大部分的计算任务都放在了GPU上面，因此CPU主要承担相对轻量的数据预处理以及一些调度任务。在图2-5的基础上加入GPU后，硬件结构如图2-7所示。

这一小节将主要探讨GPU的硬件结构，而在接下来的2.3.5小节中，我们将详细探讨CPU与GPU之间的数据传输问题。事实上，GPU的内部结构极为复杂，这种复杂性直接反映在GPU性能指标的庞大数量上。为了充分理解这些性能指标代表的含义，我们首先要对GPU的内部构造有所了解。

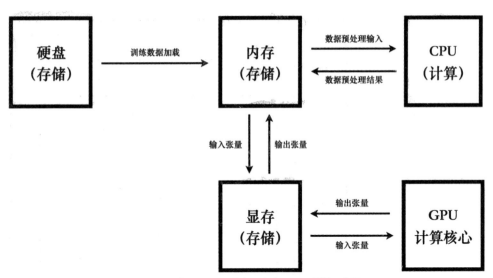

图2-7 显存、GPU、硬盘、内存、CPU硬件示意图

首先从分类上来说，GPU可以分为家用卡和计算卡两种。家用卡在设计上偏重于对图形学应用的支持，因此在同代的GPU中往往具有较高的标量计算效率；计算卡在设计上则偏重于对深度学习应用的支持，因此一般具有更高的张量计算效率和更大的显存容量。像RTX 3090、RTX 4090等型号的显卡就是典型的家用卡。而A100、H100等型号的显卡就是典型的计算卡。对于深度学习任务而言，计算卡自然是首选。

GPU的内部架构多变，而且也在逐渐迭代中，所以这里以Ampere架构为例，讲解GPU的内部组成。GPU的最外层主要由显存和若干GPU计算核心组成。为了能最大化发挥并行计算的功能，GPU的计算核心中自顶向下包含多层封装，比如GPC（Graphics Processing Clusters，图形处理簇）、TPC（Texture Processing Clusters，纹理处理簇），但作为软件开发者我们主要关心流式多处理器（Streaming Multiprocessors）及以下的硬件结构。

将图2-7中的GPU部分展开，如图2-8所示。我们由外层向里进行展开，首先GPU最外层包括显存、L2缓存等存储单元，除此以外还会有几层（如GPC、TPC等）高层封装单元，这些高层封装单元是以大量流式多处理器（SM）作为基础单元构成的，而我们只需要重点关注流式多处理器及其向下的硬件结构即可。每个流式多处理器内部包括如下硬件单元：

- L1缓存
- 多个流式处理器（SP），每个SP包括：
  - 若干**标量计算核心**（CUDA core）
  - 若干**张量计算核心**（tensor core）
  - 若干寄存器
  - 线程束调度器（warp scheduler）

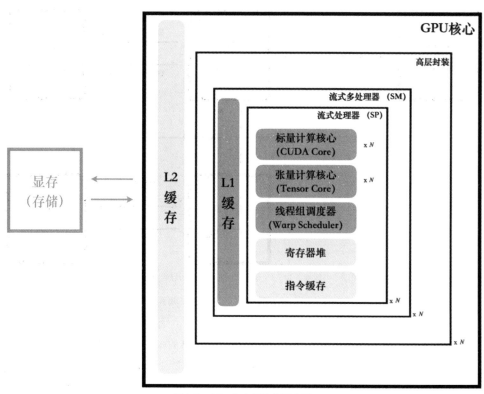

图2-8　GPU的内部结构示意图

　　这里面真正重要的是图中标记为蓝色的几个硬件单元。其中张量计算核心、标量计算核心决定了GPU的整体计算效率；L1缓存、显存决定了GPU存取数据的效率；线程束调度器则与CUDA编程模型中的线程束（warp）概念直接对应，负责线程间的通信和调度。除此以外，还有一些诸如显存控制器、纹理缓存等细节没有画在图里，完整的A100结构可以从NVIDIA文档[1]里面找到，如图2-9所示。

　　单独研究这些硬件架构对我们其实帮助有限，因为它们与我们的程序相距甚远，很难直观地认识到每个硬件单元对程序运行的具体影响和性能的具体作用。要真正理解GPU的硬件结构，我们必须将其与软件概念相结合来进行解释。这样的对照可以帮助我们更清楚地看到硬件和软件之间的直接关系。

1　https://images.NVIDIA.com/aem-dam/en-zz/Solutions/data-center/NVIDIA-ampere-architecture-whitepaper.pdf

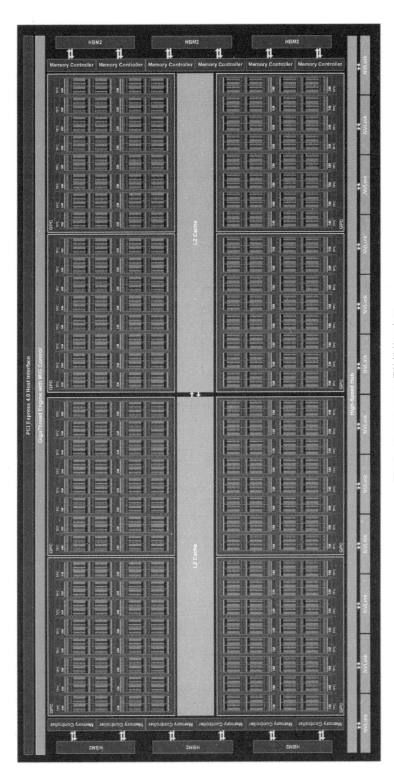

图2-9　NVIDIA A100 硬件结构示意图

2.3.3　GPU编程模型及其硬件对应

我们知道，Python、C++等程序能够在计算机上运行，是因为它们通过编译器转换成硬件能识别的指令，从而在CPU上执行。基于这一逻辑，如果存在一个能将C++或Python编译成GPU指令的编译器，我们就可以直接在GPU上运行这些代码。然而，遗憾的是，NVIDIA没有提供这种直接的编译器。相反，NVIDIA开发了一套专门的GPU编程模型，称为CUDA语言，来支持在GPU上进行编程。

CUDA编程模型本质是对GPU硬件的抽象，而考虑到GPU近乎套娃一般的硬件架构，CUDA语言的复杂程度就可想而知了。抛开大部分高级用法和优化技巧，CUDA编程模型的核心是要求程序员将算法的实现代码，拆分成多个可以独立执行的软件任务。比如对于张量加法算子而言，我们可以将其拆分成每个元素的点对点加法，如图2-10所示。

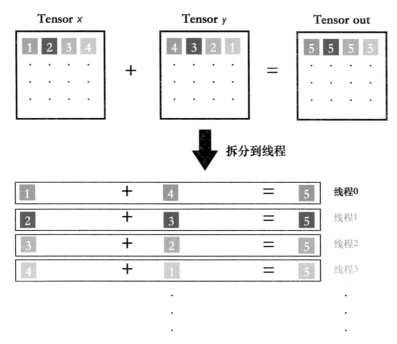

图2-10　拆分张量加法至独立线程的示意图

我们将算法拆分得到的每个独立任务，称为一个**线程**。线程是软件层面最小的执行单元。如果不考虑一些高级用法，在软件层面可以认为每个线程都是独立运行的，仿佛独自占有GPU的全部硬件资源。

然而如果真的让每个软件线程都独占所有的GPU硬件资源，这就过于浪费了。GPU硬件在实现的时候，实际上提供了一套底层计算核心，被称为**流式处理器**（streaming processor）。流式处理器提供了完成一个线程任务所需的所有硬件单元，包括计算资源（CUDA core、tensor core等）、存储资源（L0缓存、寄存器）和各种控制器等。为了尽可能提高并行度，流式处理器中的线程束调度器（warp scheduler）会将每32个线程打包成一个线程束（warp）。在一个时钟周期内，每组线程束会被调度到一个流式处理器上，执行一条相同的GPU指令。

流式处理器（streaming processor，SP）是较为底层的硬件执行单元。在此基础上，我们将多个流式处理器组合在一起，形成一个**流式多处理器（streaming multiprocessors，SM）**，可以共享一块L1缓存。流式多处理器对应CUDA编程语言中线程块（block）的概念。我们用一张图来澄清GPU软件任务和硬件架构的关系，如图2-11所示。

可以看出，GPU的并行能力其实分为软件并行和硬件并行两层。软件层面的并行主要由程序员在大脑里完成——利用数学知识将算子拆分成若干独立运行的软件线程，然后使用CUDA语言来实现。硬件并行则体现在对这些软件线程的并行调度上，可以说是对软件并行的具体实现。其实现方法是对软件线程进行分组，然后以线程束（warp）或者线程块（block）为单元，并行执行这些软件线程。

2.3.4　GPU的关键性能指标

总体来说，对于深度学习任务而言，重点关注GPU的以下性能参数：

- Tensor core和CUDA core性能：决定了计算效率。
- 显存大小：决定了可以承载的模型、数据规模上限。
- 显存带宽：决定了显存读写效率。
- 卡间通信带宽：决定了多块GPU卡之间数据通信的效率。

A100的性能参数，如表2-4所示。

表2-4　NVIDIA A100 GPU 参数列表

A100 80GB SXM 性能指标	性能数值
Float32 Tensor Core	156 TFlops
Float16 Tensor Core	312 TFlops
Float32 CUDA Core	19.5 TFlops
GPU Memory	80 GB
GPU Memory Bandwidth	2039 GB/s
Interconnect	NVLink: 600 GB/s PCIe Gen4: 64 GB/s

2.3.5　显存与内存间的数据传输

上一个小节中介绍了GPU的内部结构，但是却没有讲解GPU是从哪里读取的张量数据。与CPU和内存的关系类似，GPU运算所需要的所有数据都是从显存（VRAM）中读取的，计算结果也会写回到显存中。但是显存中数据的来源就可以有多种了。

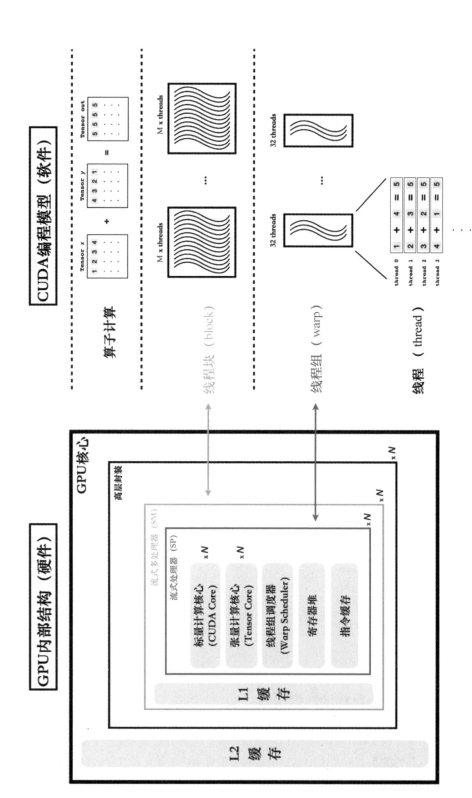

图2-11 GPU硬件结构与CUDA编程模型的对应关系

数据从内存到显存的传输既依赖于数据传输通道，如PCIe总线、NVLink等，还依赖于CPU等调度中心进行调度。对于使用CPU进行调度的数据传输过程，我们可以用图2-12表示。

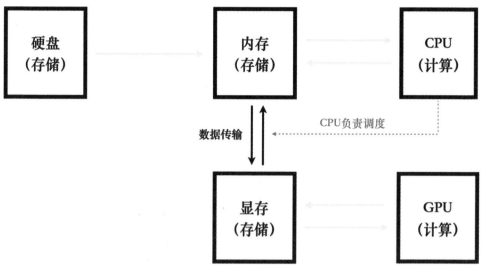

图2-12　CPU作为调度中心的内存-显存数据传输

然而如果内存中的数据存储在锁页内存（pinned memory）中，就可以依靠GPU上的DMA Engine完成数据从内存到显存的传输，而不需要挤占宝贵的CPU计算资源，如图2-13所示。

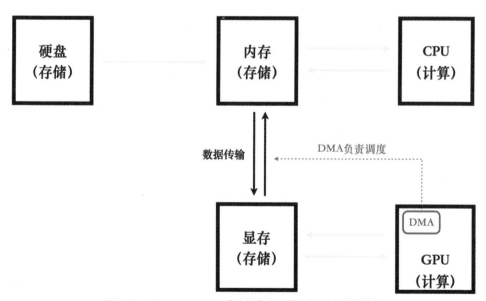

图2-13　GPU DMA Engine作为调度中心的内存-显存数据传输

除了从内存中读取数据以外，NVIDIA还提供了GPU Direct Storage技术，允许借助DMA Engine直接从硬盘读取数据到显存。对于多节点分布式训练系统，NVIDIA还提供了RDMA技术，同样借助DMA Engine，可以直接从网络接口将数据传输到显存中。然而这些技术的使用频率相对较低，且多见于分布式训练系统。对于大部分读者来说，内存和显存之间的传输数据是更为常见的场景。

2.4 分布式系统

到此为止，一个单卡模型训练的硬件框架已经搭建完毕了。然而如果想要进一步扩大数据规模、增加模型参数，那么还需要搭建起分布式训练系统才能有足够的显存和算力支持起大模型的训练。

分布式训练本质上是让多张GPU卡共同参与训练过程，从而达到加速或者扩大可用显存的目的，但是代价是必须引入一种新的数据传输类型——GPU多卡间数据通信。至于GPU多卡间具体传输什么数据内容，我们留到第8章再行介绍。这里只需要了解多张GPU卡间通信的数据量往往很大，且通信频率不低。

虽然计算卡的分布不影响分布式训练的核心算法，但GPU卡是否在同一台机器（服务器）上会影响到其通信使用的硬件，因此这里将通信分为单机和多机两种情况来介绍。

2.4.1 单机多卡的通信

2.3小节讲解了单个GPU的硬件结构和关键性能参数。然而在实践中我们常常会看到一台服务器上安装了多张GPU计算卡的情况，这一般被称为**"单机多卡"**，是最为基础的分布式结构。目前NVIDIA GPU多卡间通信的方式主要有两种：一种是依赖PCIe总线进行数据通信，但是其带宽往往较低；另一种则使用了NVIDIA专门为多卡间通信开发的NVLink技术。注意NVLink主要用于GPU之间的通信，而Intel、AMD等主流CPU型号依然只能通过PCIe与GPU进行数据传输，如图2-14所示。

NVLink[1]是由NVIDIA开发的一种高速、低延迟的通用串行总线接口技术，主要用来提升多个GPU之间的数据传输性能。它可以为多个GPU之间提供直接的点对点连接，实现高带宽、低延迟的数据传输。由于NVLink提供的带宽远高于传统的PCIe连接，它的存在可以显著地加快GPU间的数据传输，使得多个GPU可以更高效地协同工作。

---

1 https://www.NVIDIA.com/en-us/data-center/nvlink/

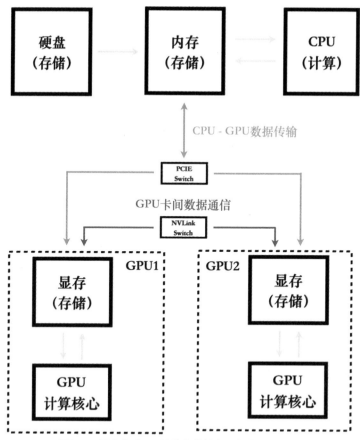

图2-14　配有多张GPU计算卡的单个服务器硬件示意图

NVLink第一代在Pascal架构的P100 GPU引入，当时仅支持GPU和GPU间的传输，随后NVLink的每一代性能都随着 GPU 架构的升级而有所提升。这在需要高速通信的分布式深度学习训练任务中对于性能的提升是非常明显的。NVIDIA不同产品线常用 GPU 的 NVLink 相关参数，如表2-5所示。

表2-5　不同NVIDIA GPU型号的NVLink参数列表

	2080Ti	3090	4090	V100	A100	H100
支持的Gen version	第二代	第三代	暂不支持	第二代	第三代	第四代
NVLink	2 links, 100GB/s	4 links, 112.5GB/s	暂不支持（截止本书写作时，2024.05）	50GB/link, 6 links	50GB/link, 12links	50GB/link, 18links

2.4.2　多机多卡的通信

在涉及多机多卡的分布式训练中，不同机器上的GPU通信的硬件不再是NVLink或者PCIe这种高带宽低延迟的互联，而是基于网络设备的传输。两类主流的解决方案分别基于Ethernet以及InfiniBand，详情见表2-6。

表2-6　Ethernet与InfiniBand的特点对比

	Ethernet	InfiniBand
设计目标	商业和个人网络应用	高性能计算（HPC）和企业数据中心
性能特点	支持广播和交换式网络，提供足够的性能以满足大多数商业和家庭网络的需要	支持点对点和交换式网络，提供非常低的网络延迟和高数据传输速率
速率	高速Ethernet 可以提供高达10/40/100Gb/ps的传输速率，但延迟通常高于InfiniBand	可以提供高达200Gb/ps的传输速率
成本	较低	较高
应用场景	办公网络、家庭互联网以及其他标准网络环境	超级计算、大型数据中心、存储网络

当然除了InfiniBand，还有其他一些网络技术和解决方案如OmniPath，RoCE（RDMA over Converged Ethernet）等，这些技术在提供高性能网络连接方面与InfiniBand相似。具体的网络方案也需要根据具体的机器学习应用的规模来选择。

2.4.3　分布式系统的数据存储

对于分布式训练系统来说，通过每台服务器的本地硬盘存储大规模训练数据并不现实。一方面本地硬盘的容量有限，难以承担规模高达上百TB的文本、图片、视频和 3D 素材等数据。其次大模型的训练可能需要成百上千台机器协作完成，所有机器都需要能够访问到相同的数据集。如果使用本地硬盘进行存储，我们还需要将数据复制到每台机器的本地存储中，需要的存储容量和数据传输时间是难以承受的。

因此基于网络的存储方案在分布式系统中更受欢迎。通常也分为两类，即NFS（network file system，网络文件系统）和基于云服务的存储方案。这两种方案的区别和适用场景对比如表2-7所示。

表2-7　NFS与云存储服务的特点对比

	NFS	云存储服务
类型	文件级的存储协议，允许系统通过网络共享文件	对象存储服务，提供可扩展、安全和高性能的云存储解决方案
部署	通常部署在本地网络或私有云环境	托管在云环境中（如AWS、Google Cloud、阿里云等）

	NFS	云存储服务
访问方式	用户可以像访问本地文件一样访问网络上的文件	通过REST API进行数据存取，每个对象（文件）都有唯一的键名
扩展性和可靠性	需要手动进行备份，可靠性较低	极高的扩展性和数据持久性，支持自动副本和多区域存储
适用场景	极其注重数据隐私的私有化大规模应用	能够接受将数据托管在公有云的大规模应用

将加入分布式系统后的硬件框架绘制到示意图中，如图2-15所示。

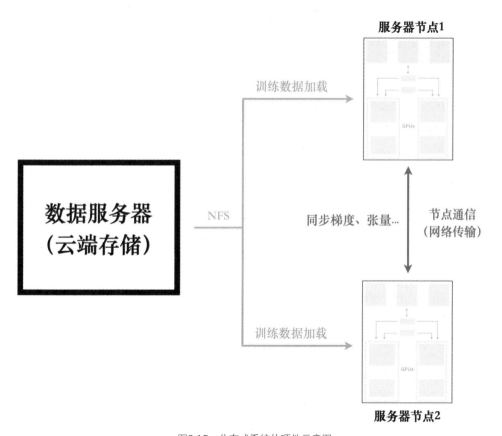

图2-15　分布式系统的硬件示意图

分布式系统的运维成本和复杂度都相对较高，且构建分布式系统的硬件架构的详细讨论也超出了本书的范围。因此，本节仅提供了一些基础介绍和对分布式训练性能的影响，并不深入探讨分布式硬件系统的详尽细节。

深度学习必备的PyTorch知识

一个软件能否得到广泛使用，主要取决于两个方面：易用性和性能。不过这两者之间的优先级通常会根据应用场景的需求而动态变化。近年来，深度学习领域迅猛发展，创新想法不断涌现，对于以科研为主的用户而言，有一个能快速实现和验证想法的工具尤为关键。因此深度学习框架的灵活性是最重要的，性能则次之。PyTorch之所以能成为深度学习领域的主流训练框架，正是因为它在易用性和性能之间找到了良好的平衡。

由于PyTorch的编程风格与Python非常相似，再加上丰富的文档和示例代码，相信本书的大部分读者已经能够轻松上手使用PyTorch训练一个小模型。但能用起来和用得好其实是不一样的。因此，本章不打算像官方文档那样逐条讲解API的使用方法，而是重点解决以下两个问题：

- PyTorch为什么好用？与其他框架相比，它的优势在哪里？
- 如何才能用好PyTorch？虽然PyTorch的性能不是最优的，但在大多数情况下，只要合理使用，PyTorch的性能并不差，能够在性能和易用性之间取得不错的平衡。

要真正用好PyTorch，就需要充分了解其核心运行机制。如图3-1所示，本章将从PyTorch的核心概念——张量和算子讲起，逐步深入PyTorch的内存分配、基于动态图的运行机制，以及作为训练框架的杀手锏级特性——自动微分系统的底层原理。了解这些内容不仅有助于理解PyTorch为何好用，还能帮助读者识别各种特性带来的优势和劣势，为后续章节中学习优化方法奠定基础。

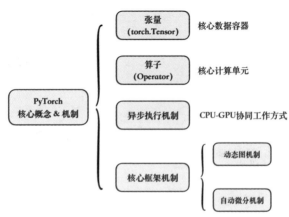

图3-1 本章的核心内容概览

3.1 PyTorch 的张量数据结构

张量（torch.Tensor）是PyTorch 中最核心的数据结构之一，与数学上的张量概念紧密相关。读者可以把它想象为一个多维数组，其中的维度 N 可以是任何非负整数。在 PyTorch 中，绝大多数数据都是通过张量来表达的，包括以下几种常见的数据形式：

- 标量（scalar）：0 维张量，代表一个单一的数值。
- 向量（vector）：1 维张量，代表一个数值序列。
- 矩阵（matrix）：2 维张量，一个 $m*n$ 的矩阵由 m 行 n 列组成，形成一个矩形阵列。

图3-2分别展示了标量、向量、矩阵及更高维度张量的例子，帮助读者直观地了解这些概念间的区别与联系。简而言之，张量可以视为标量、向量和矩阵向 N 维空间的拓展。在PyTorch中，张量作为数据容器提供了统一的方式来处理不同维度和形状的数据。

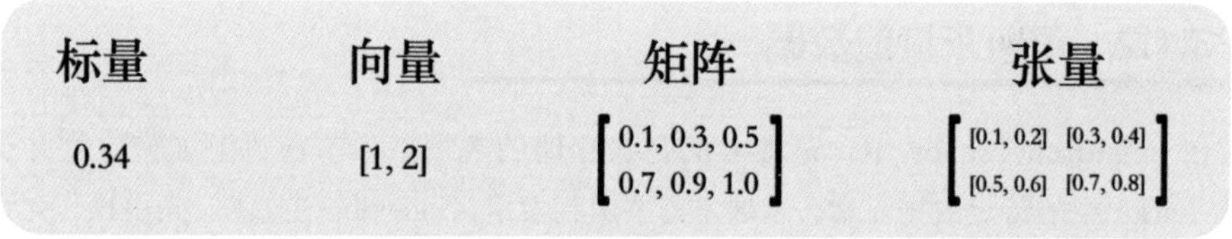

标量	向量	矩阵	张量
0.34	[1, 2]	$\begin{bmatrix} 0.1, 0.3, 0.5 \\ 0.7, 0.9, 1.0 \end{bmatrix}$	$\begin{bmatrix} [0.1, 0.2] & [0.3, 0.4] \\ [0.5, 0.6] & [0.7, 0.8] \end{bmatrix}$

图3-2　标量、形状为[2]的向量、形状为[2, 3]的矩阵和形状为[2, 2, 2]的张量示例

为了方便深度学习应用的开发，PyTorch 的 torch.Tensor 类不仅提供基本的数据容器功能，还提供了众多额外的属性。这些属性将在本节中详细介绍。

3.1.1　张量的基本属性及创建

torch.Tensor 是一种多维数组结构，它具备以下三个基本属性：

- 形状（shape）：指定了张量中每个维度的大小。例如，一个形状为 [3, 2] 的张量在其第一个维度上有 3 个元素，在第二个维度上有 2 个元素。
- 数据类型（dtype）：张量中的数据类型可以是整数、浮点数、布尔值，甚至复数，但是所有元素的类型必须一致。
- 数据存储位置（device）：指定了张量数据存储的后端。例如，CPU后端将数据存储在主内存中，CUDA 后端的张量则存储在GPU显存中。

通常创建一个PyTorch张量时，只需要指定其形状、数据类型和存储设备这三个参数，示例代码如下。

```
1 import torch
2
3 x = torch.rand((3, 2), dtype=torch.float32, device="cuda")
4
5 print(x.dtype)  # torch.float32
6 print(x.device)  # cuda:0
7 print(x.shape)  # torch.Size([3, 2])
8
```

PyTorch提供了多个用于创建和初始化[1]张量的函数接口，表3-1列出了其中常用的几种函数。

表3-1　张量的创建函数

Tensor的创建函数	含义
torch.empty/torch.empty_like	创建一个未初始化的tensor
torch.zeros/torch.zeros_like	创建一个初始化为0的tensor
torch.ones/torch.ones_like	创建一个初始化为1的tensor
torch.range/torch.linspace	创建初始值为特定步长变化的tensor
torch.rand/torch.rand_like/torch.randn	创建一个随机初始化的tensor

3.1.2　访问张量的数据

在一个torch.Tensor 中，最核心的是它存储的数据。本节将讲解如何定位并访问torch.Tensor 中的特定数据元素。这通常需要用到索引（indexing）技术。索引操作允许我们访问张量的单个数据点、数据段（切片）或是特定的维度，这类操作通常称为**基础索引**。为方便说明，下面的例子中提到的行和列索引都是从0开始计数的：

```
1 import torch
2
3 # 创建一个10*20的张量，使用contiguous()确保其连续性
4 x = torch.arange(200).reshape(10, 20).contiguous()
5
6 # 访问单个元素，返回第0行的第0个元素
7 x[0, 0]  # tensor(0)
8
9 # 支持负数索引，返回第0行的最后一个元素
10 x[0, -1]  # tensor(19)
11
12 # 切片索引，单独一个冒号表示选择该维度的所有元素，返回第2行的整行数据
13 x[2, :]
14 # tensor([40, 41, 42, 43, 44, 45, 46, 47, 48, 49, 50, 51, 52, 53, 54, 55, 56,
    57, 58, 59])
15
16 # 切片索引，返回从索引为1的列开始，到索引为9的列（不包含），每隔3个索引选择一个元素，即第0行的第
    1、4、7列数据
```

1　https://pytorch.org/docs/stable/torch.html#tensor-creation-ops

```
17 x[0, 1:9:3] # tensor([[  1,   4,   7])
18
19 # 省略号是一个特殊的索引符号，代表"在这个位置选择所有可能的索引"，返回第1列的所有元素
20 x[..., 1]
21 # tensor([  1,  21,  41,  61,  81, 101, 121, 141, 161, 181])
22
23 # 与 NumPy 类似，None 表示加入一个新的维度，常用于调整张量的形状以满足某些特定操作的需求。
24 # 这里我们在第二个维度（即行和列之间）插入一个新的维度。
25 x[:, None, :]  # 返回张量的形状为(10, 1, 20)
26
```

通过基础索引操作，我们也可以对 torch.Tensor 进行赋值。以下代码可以展示几个简单的示例：

```
 1 import torch
 2
 3 # 创建一个10*20的张量，使用contiguous()确保其连续性
 4 x = torch.arange(200).reshape(10, 20).contiguous()
 5
 6 # 通过基础索引对x的[0, 0]元素进行赋值
 7 x[0, 0] = -1.0
 8 print(x[0, 0])  # x[0, 0]被更新成-1.0
 9
10 # 通过切片索引对x[2, :]的所有元素进行赋值
11 x[2, :] = 10
12 print(x)  # x的第2行(从0计数)的所有元素被更新成10
13
```

掌握多种索引技巧对于高效处理和分析 Tensor 中的数据至关重要。到目前为止，我们对 torch.Tensor 的处理主要集中在基础索引上。实际上，Tensor 类还支持更复杂的操作和索引方式，比如后面在 3.2.2 小节要介绍的高级索引技巧。然而，在深入了解这些高级技巧之前，让我们先详细了解一下 torch.Tensor 的底层存储机制。

3.1.3　张量的存储方式

在 PyTorch 框架中，张量（torch.Tensor）和张量的数据存储（torch.Storage）是两个不同层级的概念。可以将张量理解为对其底层数据存储的一种特定的访问和解释方式。每个张量底层都有一个 torch.Storage 来存储其数据，多个张量还可以共享同一个 torch.Storage。图 3-3 展示了张量和其存储之间的关系。

torch.Storage 是用于表示数据在物理内存中的存储方式，其实就是一块连续的一维内存空间。每个 torch.Storage 对象负责维护存储数据的类型和总长度信息。在此基础上，torch.Tensor 添加了如**形状（shape）**、**步长（stride）**和**偏移量（offset）**等额外的属性，这些额外的属性定义了 torch.Tensor 访问底层数据的具体方式。

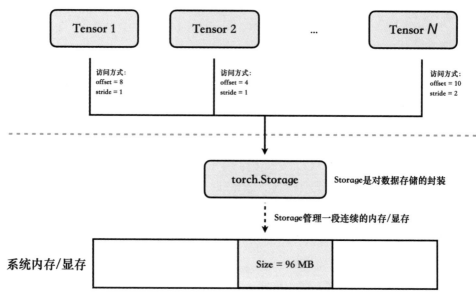

图3-3 torch.Tensor与torch.storage的关系

其中尤为值得一提的是"步长"属性，它可以实现高效的张量数据访问。步长指定了在遍历张量数据时，必须在内存中跳过多少元素才能到达下一个元素。这一属性的引入使得张量对于存储的访问更加灵活。比如我们可以通过改变步长属性来实现一个高效的张量转置操作，如下面的代码所示：

```
 1 import torch
 2
 3 # 创建一个3*4的张量，使用contiguous()确保其连续性
 4 x = torch.arange(12).reshape(3, 4).contiguous()
 5
 6 print(f"x = {x}\nx.stride = {x.stride()}")
 7 # x = tensor([[ 0,  1,  2,  3],
 8 #         [ 4,  5,  6,  7],
 9 #         [ 8,  9, 10, 11]])
10 # x.stride = (4, 1)
11
12 y = torch.as_strided(x, size=(4, 3), stride=(1, 4))
13 print(f"y = {y}\ny.stride = {y.stride()}")
14 # y = tensor([[ 0,  4,  8],
15 #         [ 1,  5,  9],
16 #         [ 2,  6, 10],
17 #         [ 3,  7, 11]])
18 # y.stride = (1, 4)
19
```

具体来说as_strided函数的作用由两方面构成：一方面它重新规定了 x 张量的访问方式，将其步长从(4, 1)改为了(1, 4)，形状为 (4, 3) 。这意味着在遍历 x 的数据时，在第二

个维度上每访问一个数据会向后跳四步再访问下一个数据，而在第一个维度上则每访问一个数据向后跳一步。这样的读取方式仅用文字表达可能过于抽象了，所以我们绘制了图3-4来展示具体的读取步骤。简单来说，按照每次跳4（内层维度的stride为4）个数据的方式读取张量 x 的数据，读完一行3个元素（内层长度为3）之后就回到该行的起点向后错1位（外层维度的stride为1）。然后继续按照每次跳4个数据的方式读取。由于不需要额外的数据复制，通过as_strided实现的张量转置过程对性能的影响微乎其微，这在处理大规模数据时尤其高效。

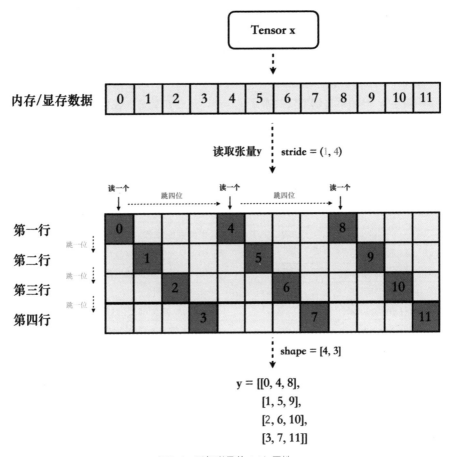

图3-4　图解张量的stride属性

使用 stride 属性来访问张量是非常高效的，因为它无需复制，直接操作同一个张量的底层数据存储。但它也是把双刃剑，因为会导致"张量不连续"。所谓的连续张量，是指它的所有元素在物理内存中顺序排列，每个元素紧接其前一个元素。比如在图3-3中，张量N的 stride 为2，意味着每两个元素之间隔有一个无关元素。在这种情况下，张量就被认为是不连续的。张量的不连续性可能在实际应用中造成一些问题。比如可能会导致算法的内存访问模式不理想，可能降低整体的计算效率。其次许多PyTorch算法在设计时就预设了张量在内存中是连续存储的，如果遇到不连续的张量，可能会抛出错误提示甚至得到错误的计算结果。

为了解决这些问题，PyTorch提供了tensor.is_contiguous()方法用于检测张量是否为连续。对于不连续的张量，可以通过调用tensor.contiguous()方法生成一个连续的副本。然而天下没有免费的午餐，这个调用会将原始数据复制到一块新的连续内存空间，增加内存占用，因此读者在开发时需要时刻注意内存和性能之间的平衡。

3.1.4　张量的视图

在上一节中，我们了解到数据的底层存储和张量是两个不同层级的概念。同时，PyTorch允许用户在不复制底层数据的情况下，对同一块内存的数据进行不同形状和维度的解释和操作。不同的张量可以共享同一块底层存储，当这些共享存储的张量互不重叠时，影响较小[1]。但如果它们不仅共享底层存储，还存在重叠，我们称其中一个张量为另一个张量的视图（view）。当你修改视图张量中的数据时，原始张量的数据也会相应改变，这是因为它们指向同一块内存地址。

PyTorch中有许多操作可以创建视图张量。表3-2列出了一些常见的操作。这些操作允许用户以不同的方式查看和修改相同的数据，而无须复制数据本身，这对内存效率和性能优化非常重要。

表3-2　PyTorch中常用的视图操作

expand()	用于"虚拟"增加张量的维度
transpose() / permute()	用于改变张量的维度顺序
narrow()	用于创建张量的一个子视图
squeeze() / unsqueeze()	用于增加或减少维度为1的维度
chunk() / split()	将一个张量分割为多个小张量
as_strided()	通过自定义步长大小来遍历数据，允许跳跃式地访问张量数据
view()	用于改变张量的形状
detach()	创建一个新的张量，但不继承原张量的反向图

除了上面的视图操作，我们在3.1.2小节讲的基于基础索引的张量读取操作返回的也是视图，示例代码如下：

```
1 import torch
2
3 a = torch.zeros(3, 3)
4
5 # 张量b是张量a的一个视图，共享底层内存
6 b = a[0]
7 print(b)  # tensor([0., 0., 0.])
8
```

1　一个较为明显的副作用是当使用torch.save()存储一个张量时，存储的单位是torch.Storage而不是torch.Tensor。因此张量存储的文件大小可能大于其自身的数据量。

```
 9 # 修改张量b的内容也会影响张量a
10 b[0] = 1
11 print(a)
12 # tensor([[1., 0., 0.],
13 #         [0., 0., 0.],
14 #         [0., 0., 0.]])
15
```

此外，在 PyTorch 中，一些接口如 reshape() 和 flatten() 的行为较为特殊，它们可能根据具体的使用场景返回一个视图张量或一个全新内存的张量。这种行为的不确定性导致这些接口并不是最理想的 API 设计。不过考虑到这些方法在PyTorch用户代码中的应用十分广泛，改变它们的行为会相当困难。因此，建议使用这些方法的用户不要依赖其返回结果是视图还是新张量，以避免潜在的混淆或错误。reshape()和flatten()接口的使用代码如下：

```
 1 import torch
 2
 3 original = torch.rand((2, 12))
 4
 5 reshaped = original.view(2, 3, 4)
 6 print("reshaped shape:", reshaped.shape)
 7 # reshaped shape: torch.Size([2, 3, 4])
 8
 9
10 flattened = reshaped.view(-1)
11 print("flattened shape:", flattened.shape)
12 # flattened shape: torch.Size([24])
13
```

视图操作能有效地避免新内存分配的时间成本，并减少显存占用。我们将在第7章关于显存优化方法的讨论中，进一步分析内存复用的优势与面临的挑战。不过需要特别注意的是，视图张量共享内存虽然方便高效，使用不当的话也极易引入数据被修改的副作用，因此开发者应该对于哪些操作是视图操作做到心中有数，才能运用自如。

3.2 PyTorch中的算子

3.2.1 PyTorch的算子库

算子在PyTorch中扮演着核心角色，主要用于执行预先定义的数学运算和操作，从而对张量进行变换或完成计算任务。PyTorch中的算子大致可以分为以下几类：

（1）基础数学运算：涵盖了加法（+）、减法（-）、乘法（*）、除法（/）、指数

（exp）、幂次方（pow）等基本数学操作。

（2）线性代数运算：包括矩阵乘法（matmul）、点乘（dot）、转置（t）、逆矩阵（inverse）等线性代数相关的运算。

（3）逻辑和比较运算：例如逻辑与（logical_and）、逻辑或（logical_or）、等于（eq）、大于（gt）、小于（lt）等用于比较和逻辑判断的操作。

（4）张量操作：涉及张量的索引、切片、拼接（cat）、调整形状（reshape）、调整维度（permute）等操作，用于张量的形状和内容调整。

（5）其他特殊运算：包括深度学习中使用的各种层（如卷积层、池化层、注意力层）以及损失函数等特定于应用的复杂运算。

这些算子为用户提供了丰富的工具库，使得复杂的数学和数据处理任务变得更加简便。算子的使用方式如下所示：

```
1 import torch
2
3 x = torch.ones(4, 4)
4
5 # 数学运算
6 y1 = x + x
7 y2 = x * x
8
9 # 线性代数运算
10 y3 = x.sum()
11
12 # 索引
13 x1 = x[1, 1]
14
```

为了增加编程的灵活性，PyTorch提供了两种执行操作的方式：一种是使用torch命名空间下的算子函数，另一种是使用Tensor类的方法。这两种方式在数学处理上是等效的，因此它们在结果上没有任何差异。举例来说，在进行张量加法时，以下几种方法是等价的，并且会得到相同的结果：

```
1 import torch
2
3 x = torch.ones(4, 4)
4
5 # torch命名空间下的加法操作
6 y1 = x.add(x)
7
8 # 重载运算符"+"，与x.add(x)等价
9 y2 = x + x
10
11 # Tensor类的加法操作
12 y3 = torch.add(x, x)
13
14 assert (y1 == y2).all()
15 assert (y2 == y3).all()
16
```

3.2.2　PyTorch算子的内存分配

PyTorch算子操作的输入和返回值都是张量，但返回值是否创建新的内存取决于具体的算子。通常情况下，PyTorch会为计算结果分配新的内存，因此算子调用时会伴随内存的分配。不过有以下几种特殊情况需要特别注意：

1. 原位操作

PyTorch也为一些算子提供了原位（inplace）操作，它们直接修改输入张量的数据并返回同一个张量，无须创建新的内存。原位操作通常在方法名后加下画线（_）表示，例如 add_() 是 add() 的原位版本。除了直接调用原位算子，某些语法也会隐式地触发原位操作。比如下面的代码示例中x += y 将触发原位加法操作，而 x = x + y 就只是普通的加法操作和赋值操作。原位操作有助于减少内存分配和避免数据的复制开销，对内存和性能都有帮助。然而，原位操作的使用条件更为苛刻，使用不当的话可能带来副作用，我们将在第7章进一步讨论原位操作。

```
 1 import torch
 2
 3 x = torch.ones((4, 4))
 4
 5 # 原位加法操作
 6 y1 = x.add_(x)
 7 print(y1)   # 张量x所有元素更新为2，张量y1是张量x的一个别名，是同一个张量
 8
 9 # 原位加法操作
10 x += y1
11 print(x)    # 张量x所有元素更新为4
12
13 # 非原位加法操作
14 x = x + y1
15 print(x)    # 张量x所有元素更新为8
16
```

2. 视图操作

3.1.4小节讲到的视图操作的输出张量与输入张量共享底层内存，因此不会造成额外的内存分配。

3. 读取操作

我们在3.1.4小节提到通过基础索引进行的张量读取操作也是视图操作的一种。但除了基础索引以外，PyTorch还支持类似于NumPy的高级索引，也就是使用布尔或者整数张量作为索引。与基础索引不同的是，基于高级索引的读取操作会创建新的内存存储。下面的代码示例分别展示了基于基础和高级索引的读取操作，可以看到虽然写法相似，但是基础索引与输入张量共享底层存储，高级索引则会导致额外的内存分配。

```
1  import torch
2
3  # 创建一个10*20的张量，使用contiguous()确保其连续性
4  x = torch.arange(200).reshape(10, 20).contiguous()
5
6  # 基础索引，读取x的第0行
7  y_basic_index = x[0]
8
9  # (1) 基于基础索引进行读取的返回张量和x共享底层存储
10 assert y_basic_index.data_ptr() == x.data_ptr()
11
12 # 使用整数张量对x进行高级索引，返回位置在[0, 2], [1, 3], [2, 4]位置的元素
13 z_adv_index_int = x[torch.tensor([0, 1, 2]), torch.tensor([2, 3, 4])]
14 # z_adv_index_int = tensor([ 2, 23, 44])
15
16 # 对张量x中的每个元素进行判断，如果元素的值小于10，则对应位置的ind为True，否则为False
17 ind = x < 10
18 # 使用布尔张量对x进行高级索引，返回x中所有对应ind位置为True的元素
19 z_adv_index_bool = x[ind]
20 # z_adv_index_bool = tensor([0, 1, 2, 3, 4, 5, 6, 7, 8, 9])
21
22 # (2) 基于高级索引进行读取的返回张量和x的底层存储是分开的
23 assert z_adv_index_int.data_ptr() != x.data_ptr()
24 assert z_adv_index_bool.data_ptr() != x.data_ptr()
25
```

4. 赋值操作

张量赋值操作是指使用基础索引、高级索引、广播等方式将新的值赋给张量的特定位置。赋值操作直接修改输入张量的内容，没有返回值。但值得注意的是，虽然上面提到基于高级索引的读取操作会创建新的存储，但是不论基于哪种索引方式进行的赋值操作都会直接影响原始张量。下面是一个使用高级索引给张量赋值的示例代码。

```
1  import torch
2
3  # 创建一个10*20的张量，使用contiguous()确保其连续性
4  x = torch.arange(200).reshape(10, 20).contiguous()
5
6  # 对张量x中的每个元素进行判断，如果元素的值小于10，则对应位置的ind为 True，否则为False
7  ind = x < 10
8  # 通过高级索引对x的部分元素进行赋值
9  x[ind] = 1.0
10
11 print(x)   # x的对应位置也被更新成1.0
12
```

3.2.3 算子的调用过程

PyTorch程序一向以灵活和易用著称，但是它的性能问题也时常受到诟病，其中算子调用的开销恰恰是最主要的性能杀手之一。为了理解这个问题，我们可以分析一下在最基本的PyTorch算子调用过程中都发生了哪些事情。这种分析有助于理解其额外性能开销

的来源，并指导我们在编写代码时如何更有效地使用PyTorch。

我们来从一个简单的张量的矩阵乘法入手，代码如下：

```
1 import torch
2
3 x1 = torch.rand(32, 32, dtype=torch.float32, device="cuda:0")
4 x2 = torch.rand(32, 32, dtype=torch.float32, device="cuda:0")
5
6 y = x1 @ x2
7
```

我们来分析一下PyTorch中 y = x1 @ x2 在整个调用中大致经历了哪些过程：

（1）函数入口：这个表达式会首先调用Python中Tensor类的__matmul__方法作为"矩阵乘法"算子的入口。

（2）定位算子：PyTorch核心的**分发系统（dispatcher）**会根据算子类型、输入张量的数据类型、存储后端来找到可以承担该算子计算的底层算子实现。比如这个例子中，分发系统找到GPU上float32类型矩阵乘法计算对应的CUDA函数实现。

（3）创建张量：创建所需的输出张量。

（4）底层调用：调用我们找到的算子函数，进行类型转换、输出张量的创建等必要步骤，计算并将结果写入输出张量。

（5）函数返回：创建输出张量的Python对象并返回给用户。

图3-5展示了在PyTorch调用一个矩阵乘法算子的调用栈，我们可以看出这里面最核心的步骤是底层调用也就是算子计算，但是我们在前后还做了一系列准备工作，这些准备工作统一称为调用延迟。虽然少数算子的调用延迟可以接受，但如果频繁调用算子，则累积起来的总调用延迟就不能忽视了。

图3-5　PyTorch算子的完整调用流程

我们将在第9章中介绍通过CUDA Graph降低调用延迟的方法，但是读者在日常开发中应该紧绷一根弦，尽量减少不必要的操作，如能对张量整体进行操作的时候尽量避免手动操作数组中的单个元素。因为单个数组元素的读取和赋值都是一次算子调用。比如对于张量加和运算，如果通过在Python中手写循环来完成"读取单个元素→加和→存储回张量"这个过程，所需要的计算时间要远远高于直接使用张量的加法操作。这是因为张量的加法和归约操作能够充分地利用GPU的并行计算能力，在性能上会显著优于对单个张量元素进行的串行操作。

3.3 PyTorch的动态图机制

PyTorch的灵活性和易用性是其广受开发者欢迎的主要原因，但是这里的"灵活易用"具体是指什么呢？实际上，PyTorch之所以在众多深度学习框架中脱颖而出，主要得益于其**动态图**（dynamic graph）特性。换句话说，PyTorch会在代码执行时动态地构建计算图，使得计算图的构建和执行同时进行，而不是两个分离的阶段。每执行一步代码，相应的计算图就会被构建并执行。这与TensorFlow早期1.0版本采用的静态图模式形成了鲜明对比，静态图要求先定义整个计算图，一旦定义完成，运行时就不能修改了。动态图的最大优势在于它提供了"所见即所得"的体验，使得调试对于用户来说变得非常直观和简单。这种即时反馈对于开发和测试新模型时理解并修复代码中的错误非常有帮助，也是PyTorch受欢迎的主要原因之一。

PyTorch动态图还有几种不同的说法，但其实描述的是同一个特性。

- Define-by-Run：即计算图的构建是在代码运行时动态发生的，即你定义了什么操作，图就立刻执行什么操作。
- Eager mode/Eager execution：框架在代码运行时立即执行操作，而不是构建一个图等待后续再执行。

为了更好地理解动态图特性，我们首先需要了解计算图的概念。在PyTorch中，计算图是一个有向无环图，其中的**节点**（node）代表各种算子操作，比如加法、乘法或更复杂的操作如卷积等，而**边**（edge）则代表数据（指张量数据）的流动。这些边的方向描述了数据流动的路径和操作的执行顺序。举例来说，在一个简单的加法操作 $z = x + y$ 中，x 和 y 是输入，z 是输出。在计算图中，x 和 y 分别有一条边指向加法节点，加法节点也有一条边指向输出 z。

理解了计算图的概念后，可以通过对比静态图和动态图来直观感受这两者之间的区别。首先来看一下在动态图中很常见的一段代码：

```python
import torch

x = torch.tensor(2)  # 可以尝试不同的值，如 torch.tensor(1.0)

y = x % 2

if y == 0:
    z = x * 10
else:
    z = x + 10

print(z)
```

简而言之，这段代码会根据张量 *y* 的数值动态决定是调用加法还是乘法算子来得到张量 *z* 的数值。在动态图模式下，这段代码的逻辑几乎和编写普通的Python代码一样简洁直观，我们甚至意识不到PyTorch对计算图的构建过程。

在动态图模式下简单的代码，一旦转到静态图的构建，就会变得有些复杂。以经典的静态图框架TensorFlow 1.0为例，相同的代码逻辑的实现如下：

```
 1 import tensorflow.compat.v1 as tf
 2
 3 x = tf.placeholder(tf.float32, shape=())
 4
 5
 6 def true_fn():
 7     return tf.multiply(x, 10)
 8
 9
10 def false_fn():
11     return tf.add(x, 10)
12
13
14 y = x % 2
15 z = tf.cond(tf.equal(y, 0), true_fn, false_fn)
16
17 with tf.Session() as sess:
18     print(sess.run(z, feed_dict={x: 2}))  # 输出 10 (2 * 10)
19     print(sess.run(z, feed_dict={x: 1}))  # 输出 11 (1 + 10)
20
```

首先可以注意到，TensorFlow 1.0的代码逻辑需要完全由TensorFlow的接口拼接而成，与原生的Python代码写法有很大差别——写的虽然是Python语言，但是却不那么"Pythonic"。除此以外，代码中的张量 y、 z在很长一段时间里都只是单纯的符号，没有具体的数值，也因此没有办法打印出来。这个情况一直持续到在 TensorFlow 的会话（tf.Session）中，通过 sess.run() 执行构建出来的计算图。计算图一旦被执行后才会往y、z中填入数值。但是这时候计算图已经完全固定下来了，后续不能再继续对x、y、z进行任何修改了。

总的来说，动态图与静态图代码之间的具体差异如下：

（1）执行方式：静态图有明确图的定义和图的运行两个阶段。而动态图则是在定义的同时就执行，立即得到结果。例如，在TensorFlow中，y = x % 2 只是向计算图中添加一个运算节点，该运算不会立即执行。但在动态图中，这个语句在添加节点的同时也执行了该运算。

（2）数据表示：在静态图的定义阶段，x、y、z都是符号，不含具体数据。只有在运行时，我们才对输入x赋值。而在PyTorch的代码中，x、y、z一开始就是带有具体数据的张量。

（3）中断与调试：静态图一旦运行就不能中断。要在静态图中打印中间变量y的值进行调试，需要插入tf.Print()语句并重新运行图。但是在PyTorch中，执行过程可以中断，比如可以用import pdb; pdb.set_trace()使运行暂停，并可以自由地打印或修改张量的内容。

（4）代码执行：在TensorFlow 1.0中，计算图的执行全都是由TensorFlow的底层运行处理的——包括print语句和条件语句在内。而在PyTorch代码中，条件语句和print语句是由Python解释器执行的，只有与张量相关的操作是由PyTorch的运行处理的。这种设计保持了Python作为解释型语言的灵活性，从而可以支持动态修改代码和交互式编程。

图3-6直观地展示了静态图和动态图的对比。

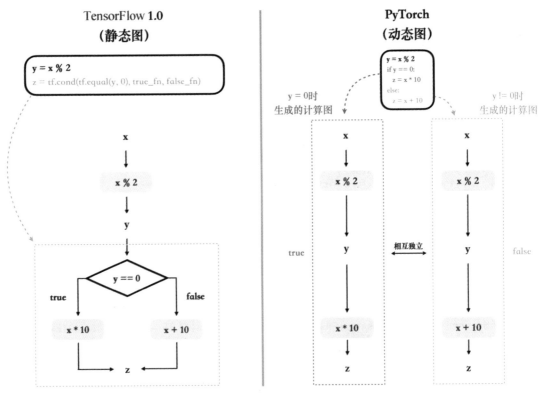

图3-6　静态图和动态图的对比

当然，静态图也有其独特的优势。在后续第9章高级优化技术中会提到，由于静态图在执行前就获得了完整的图信息，使得它能够应用更复杂的优化策略，如移除无用操作、进行跨操作优化，甚至执行算子融合等。这些优化在性能方面提供了明显的优势。在部署环境中，即使是微小的性能提升也能显著地节约成本。因此，对于追求极致性能的部署工程师来说，像TensorFlow 1.0这样的框架仍然是首选之一。而对于研究人员，快速迭代和易于调试的特性使得PyTorch具有显著优势。因此，静态图和动态图并没有绝对的优劣之分，它们更多是根据不同的使用场景和用户群体而有所区别。

3.4 PyTorch的自动微分系统

3.4.1 什么是自动微分

熟悉PyTorch的读者可能知道，无论前向传播的代码多么复杂，通常只需通过调用!oss.backward()就能计算出所有参数的梯度值。也许是因为名字里面带了"自动"两个字，许多人没有意识到它所提供的迅速且精确的梯度计算有多难得。因此在深入探讨PyTorch的自动微分系统之前，有必要先回顾一下在常规情况下是如何计算梯度的。这样可以更好地理解自动微分技术的工作原理和它的优势。我们在高中都学过这两种梯度的计算方法：

（1）**基于有限差分的数值微分法**：通过对输入变量添加一个微小扰动，比如设定$h = 0.000001$，然后观察输出的变化来近似计算梯度值。这种方法操作简单，只需多次执行前向函数即可，但得到的梯度精度不高，且每次仅能计算一个参数的梯度。对于参数众多的神经网络而言，这种方法在速度和精度上都难以满足现代深度学习的需求。

$$a. \, h = 0.000001$$

$$b. \, f'(x) = \frac{f(x+h) - f(x-h)}{2h}$$

（2）**基于符号微分的梯度公式推导**：这个推导如果由人来进行，就是传统的一支笔一张纸的手动求导，这种方式对于复杂程序而言既耗时又容易出错。那么这个过程能不能让计算机来完成呢？答案是肯定的，但是计算机只能处理封闭形式表达式[1]（closed-form expression）的微分。因此，要用符号微分自动化地处理一段Python代码，前提是这段代码必须能被转换为封闭形式的表达式。这对于包含简单算术和逻辑操作的代码而言很简单，但是对于程序中涉及基于动态输入或条件变化的循环、复杂递归、动态内存分配及涉及大量非线性数据处理等复杂逻辑，将其转化为封闭形式通常是不可能的。因此，尽管符号微分在计算效率上非常高，其适用性却受到很大限制。

接下来，我们回到PyTorch所采用的自动微分方法，并自然而然地引出两个问题：什么是自动微分？自动微分是属于数值微分方法还是符号微分方法？

严格来说，**自动微分**既不属于数值微分也不属于符号微分。它是指在原有程序执行的基础上添加了计算梯度的功能这种执行机制。自动微分系统有两个关键要素：

（1）它定义了一系列的"基本操作"（如加、减、乘、除），并且根据手动推导的

1　在数学上指的是可以通过有限次基本运算精确表示的表达式，例如多项式、指数和对数函数、三角函数等。

结果定义了这些操作的梯度。例如，在手动推导 $z = y \times x$ 的微分形式时，我们可以得到 $\dfrac{\mathrm{d}z}{\mathrm{d}y} = x, \dfrac{\mathrm{d}z}{\mathrm{d}x} = y$，类似这样的基础操作梯度公式会被硬编码在自动微分系统中，是它的核心组成元素。

（2）在程序运行时，自动微分系统会基于链式法则将复杂运算拆解成基础操作的组合，一步步计算所有中间结果的梯度，并最终计算出输入参数的梯度。注意在运算过程中对于同一个张量的梯度是累加而不是覆写的。而且这里累加的是具体数值而非符号表达式，这一点至关重要，它使得自动微分系统能够自然地兼容程序中出现的逻辑判断，如分支、循环和递归等，而这对符号微分系统是非常困难的。

由于这两个特性，自动微分系统在保证灵活性的同时还能提供非常高的计算精度，非常适合作为深度学习模型训练的基础架构。

3.4.2　自动微分的实现

从上一个小节的介绍中我们不难看到，PyTorch的自动微分机制是能够兼顾易用性、性能以及数值精确性的微分实现方法。那么具备诸多优点的自动微分系统，其底层运行机制是什么样的呢？在这一小节中就让我们深入了解一下PyTorch自动微分系统的实现细节。

PyTorch的自动微分系统中默认使用**反向微分模式**。它以某个输出张量的梯度作为起点，反向逐层计算出每个输入参数对应的梯度，计算图的执行次数与输出张量的数量有关——M 个输出张量就需要执行 M 次计算图。反向微分适用于输入参数较多而输出张量较少的场景，比如绝大多数深度学习模型训练的场景都是有 $w_1, w_2, ..., w_N$ 个模型参数，但只有数个甚至一个损失函数（loss），这时我们想计算一个输出对 N 个输入的梯度，就适合使用反向微分。

当然除了反向模式，还有一种**前向模式的自动微分**。它以某个输入参数的梯度作为起点，向前逐层计算出每个输出张量对应的梯度，计算图的执行次数与输入参数的数量有关——N 个输入参数就需要执行 N 次计算图。所以前向微分适合输入参数少而输出张量多的场景，比如模型只有一个输入参数 w，但是输出 M 个 loss 的情况，这一般多见于科学计算相关的场景，尤其在计算高阶导数时。

前向微分和反向微分模式的原理如图3-7所示，限于篇幅原因我们后续只着重介绍反向微分的执行机制，对于前向微分有兴趣的读者可以自行参考相关资料学习。

PyTorch自动微分机制依赖于 torch.Tensor 上的两个额外属性，即 grad 和 requires_grad。其中 tensor.grad 属性用来存储自动微分计算得到的梯度张量，它和普通的 torch.Tensor 别无二致，只是专门用于存储梯度数据。

tensor.requires_grad 属性则用来指定是否需要对该张量进行梯度计算。当一个张量的 requires_grad 被设置为 True，PyTorch便会开始跟踪该张量上的所有操作，为后续的梯度计算做准备，而在反向传播时则自动计算这些张量的梯度。显而易见，模型的可训练参数的 requires_grad 需要设置为True。

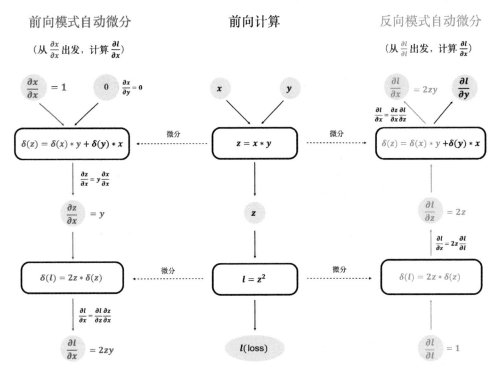

图3-7 PyTorch自动微分中前向微分和反向微分的计算机理

接下来，我们借助一个简单的例子来介绍PyTorch自动微分系统的工作原理：

```
 1 import torch
 2
 3 # 创建一个需要计算梯度的张量
 4 x = torch.tensor([1.0, 2.0, 3.0], requires_grad=True)
 5
 6 # 前向传播:
 7 # 1. 构建并执行前向图
 8 # 2. 构建反向图
 9 t = x * 10
10 z = t * t
11
12 loss = z.mean()
13
14 # 反向传播, 计算梯度
15 loss.backward()
16
17 # 查看x的梯度
18 print(x.grad)
19
```

PyTorch自动微分系统实际上在前向传播时，就已经开始工作了。我们在3.3小节中提到，PyTorch的动态图机制在前向传播时会动态构建并执行前向计算图，这段描述其实并不全面，实际上在构建前向计算图时，PyTorch自动微分系统还会建立用于计算反向梯度的计算图，也就是所谓的反向图。注意每一个算子在前向调用时，就会当场在反向图中构建一个反向算子。以 t = x * 10 为例，其反向算子的构建过程如图3-8所示。

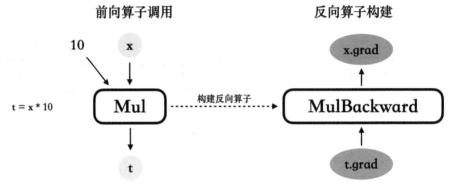

图3-8　反向图的构建过程

上述代码示例的完整反向图构建过程，则如图3-9所示。

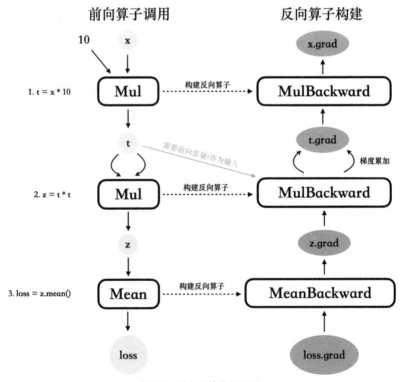

图3-9　反向图的构建过程

从图3-8可以看出，在执行任何一个前向操作时，PyTorch在构建前向计算图（左侧）的同时，还会在反向计算图（右侧）中添加对应的反向算子。比如对于乘法操作 t = x * 10 而言，PyTorch会在其反向图中添加一个名为 MulBackward 的操作，这就是反向乘法算子。需要注意的一点是，前向计算图是当场构建、当场执行的，但反向计算图则是当场构建、延迟执行的——直到我们调用 loss.backward() 时才会开始执行反向图。

一旦调用了 loss.backward()，反向计算图立即开始执行。PyTorch会首先将 loss 张量的梯度设为1，并从这一点开始逆向遍历整个反向图。这个过程中，PyTorch逐次执行每层的反向算子，计算每个参数张量的梯度，并将计算得到的梯度累积到相应张量的 grad 属性中。

在PyTorch的反向传播机制中，有几个重要的点需要注意。首先，每次进行反向传播时计算出的梯度会累加到张量的 .grad 属性中，而不是替换原有的梯度。例如，在 z = t * t 操作中，输入张量t被两次用作乘法运算的输入，因此，由 MulBackward 产生的两个梯度输出都会累加到 grad_t 上，也就是说t的梯度累积了两次。同理，如果多次调用 backward()，每次调用计算出的梯度也会累积到对应张量的 grad 属性中，这也是为什么我们需要在每轮训练循环开始前调用 optimizer.zero_grad() 来手动清零梯度的原因。

其次，PyTorch在构建反向计算图时除了添加反向算子以外，还会额外记录一些前向信息。比如在进行 z = t * t 前向计算时，其反向算子 dt = 2t * dz 需要使用前向的 t 张量来计算梯度，这时PyTorch就会将前向张量 t 保存到反向计算图中，以方便反向图的后续执行，这也是为什么显存峰值常常出现在前向传播结束后、反向传播开始前的原因。不过需要注意PyTorch只是保留了前向计算的中间结果，并没有复制其中的数据，如果这个张量后续被原位算子改动就会造成反向计算报错，如下所示，因此自动微分和原位算子的使用需要开发者特别关注。

```
1 import torch
2
3 # 创建一个需要计算梯度的张量
4 x = torch.tensor([1.0, 2.0, 3.0], requires_grad=True)
5
6 t = x * 10
7 z = t * t
8
9 # 原位加法破坏了反向计算图需要的中间结果
10 t.add_(1)
11 # 触发报错
12 #     return Variable._execution_engine.run_backward(  # Calls into the C++
   engine to run the backward pass
13 #
   ^^^^^^^^^^^^^^^^^^^^^^^^^^^^^^^^^^^^^^^^^^^^^^^^^^^^^^^^^^^^^^^^^^^^^^^^^^^^^^
   ^^^^^^^^^^^^^^
14 # RuntimeError: one of the variables needed for gradient computation has been
   modified by an inplace operation: [torch.FloatTensor [3]], which is output 0 of
   AddBackward0, is at version 1; expected version 0 instead. Hint: enable anomaly
   detection to find the operation that failed to compute its gradient, with
   torch.autograd.set_detect_anomaly(True).
```

```
19 loss.backward()
20
21 print(x.grad)
22
```

最后，出于节省内存的考虑，PyTorch在完成反向传播之后会自动删除计算图，清理反向计算过程中产生的中间张量等。出于调试或者其他需求，如果想在反向传播后重复使用计算图，可以通过使用 retain_graph() 或 retain_grad() 等方法来保存反向计算图或中间张量的梯度值。

3.4.3　Autograd 扩展自定义算子

PyTorch的灵活性不仅体现在其核心功能上，还体现在其广泛的可扩展性。在实际开发过程中，当我们遇到需要使用一些非标准或特殊的数学操作，而这些操作又不在PyTorch库的支持范围内时，可以利用PyTorch自动微分系统提供的扩展模块来自定义新的算子。新定义的操作能够像PyTorch中的任何其他操作一样被使用，并能自然而然地融入PyTorch的自动微分机制中。

举例来说，假如我们要实现一个计算 input1*input1*input2 的算子，其实现方法如下所示：

```
1 import torch
2
3
4 class MyMul(torch.autograd.Function):
5     @staticmethod
6     def forward(ctx, input1, input2):
7         ctx.save_for_backward(input1, input2)
8         return input1 * input1 * input2
9
10    @staticmethod
11    def backward(ctx, grad_output):
12        input1, input2 = ctx.saved_tensors
13        grad_input1 = grad_output * 2 * input1 * input2
14        grad_input2 = grad_output * input1 * input1
15        return grad_input1, grad_input2
16
17
18 # 使用自定义的乘法操作
19 x = torch.tensor([2.0, 3.0], requires_grad=True)
20 y = torch.tensor([3.0, 4.0], requires_grad=True)
21 z = MyMul.apply(x, y)
22 z.backward(torch.tensor([1.0, 1.0]))
23
24 print(f"x.grad={x.grad}, y.grad={y.grad}")
25 # x.grad=tensor([12., 24.]), y.grad=tensor([4., 9.])
26
```

可以看出，使用 torch.autograd.Function 定义好 MyMul 算子后，后续使用MyMul算子的方法就和使用PyTorch原生算子一模一样，包括自动微分在内的诸多机制也都能发挥作用。

3.5 PyTorch的异步执行机制

PyTorch作为一个灵活而功能强大的深度学习框架，其一大核心特性便是支持不同的计算后端，模型训练主要依赖其中的CPU和GPU后端。在使用PyTorch的不同计算后端时，主要会影响以下三个方面：

- 张量的存储位置。
- 算子的执行硬件。
- 执行机制。

前两者比较容易理解：使用CPU后端时张量存放在内存中，算子在CPU上执行；而使用GPU后端时张量存放在显存里，算子在GPU上执行。但是第三点"执行机制"的变化则更为复杂。

让我们先从简单的CPU后端入手。运行在CPU后端上的PyTorch程序，在执行算子计算时严格按照图3-10的算子调用流程进行。如图3-10所示，每一个Python指令都对应一个CPU算子任务。每个算子在CPU上完全执行完毕，得到输出结果后，才跳转到下一条Python指令，开始执行后续的算子任务。这种执行机制被称为**同步执行机制**，其核心特点是在执行每条Python指令后，等待该指令的计算任务完全结束，然后再执行下一条Python指令。

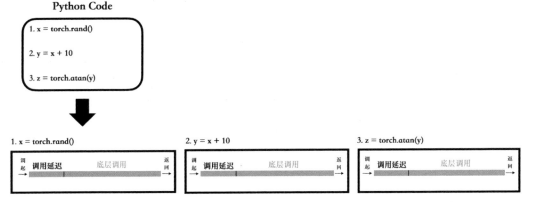

图3-10　CPU后端的执行流程

接下来如果将后端切换到GPU，情况就会发生很大的变化。在第2章深度学习必备的硬件知识中，我们提到GPU只擅长进行计算任务，而不擅长复杂的逻辑任务，因此即便使用GPU后端，PyTorch也只会把核心的算子计算任务放在GPU上，而类型提升、输出信息推导、输出张量的创建、定位算子等任务依然还留在CPU上。如图3-11所示，图中灰色部分全都是在CPU上的任务，而红色部分的算子任务则需要放在GPU上执行。

图3-11　GPU后端的执行流程

那么CPU是如何将算子任务"放在"GPU上执行的呢？简单来说，GPU内部维护了一系列**任务队列（stream）**，CPU会将算子任务（一般是一个CUDA函数）提交到GPU的任务队列上，之后就可以撒手不管了，GPU会自行从任务队列中依次拿出计算任务然后执行。不仅如此，CPU将算子任务提交给GPU之后，不会等GPU完成计算，而是直接返回并开始执行下一条Python指令，如图3-12所示。

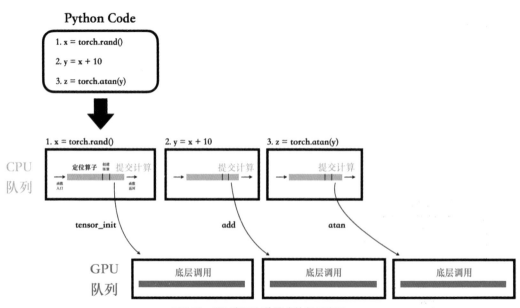

图3-12　CPU和GPU的异步执行示意图

可以看出，尽管CPU的任务已经完成，GPU队列中至少还有一个算子任务在执行，但CPU对此毫不在意，它会装作所有Python代码都已经执行完毕，并立刻开始偷懒摸鱼。

然而，如果我们在CPU任务结束后立即停止计时，并惊讶地发现程序运行得出奇地快，这就不免中了CPU的圈套。如图3-13所示，当我们打印出"CPU Finished"的时候，GPU还在后台默默地负重前行呢。

上述CPU－GPU协同工作机制被称为**异步执行机制**，其核心特点在于CPU提交任务给GPU后，不等待GPU任务完成而直接返回，继续执行下一个CPU任务或下一条Python代码。然而在很多任务中我们还是希望等待GPU完成计算的，包括而不限于测试程序的运行时间、打印计算结果等。这时我们就需要手动调用PyTorch提供的CPU-GPU同步接口，比如 torch.cuda.synchronize()，如图3-14所示。

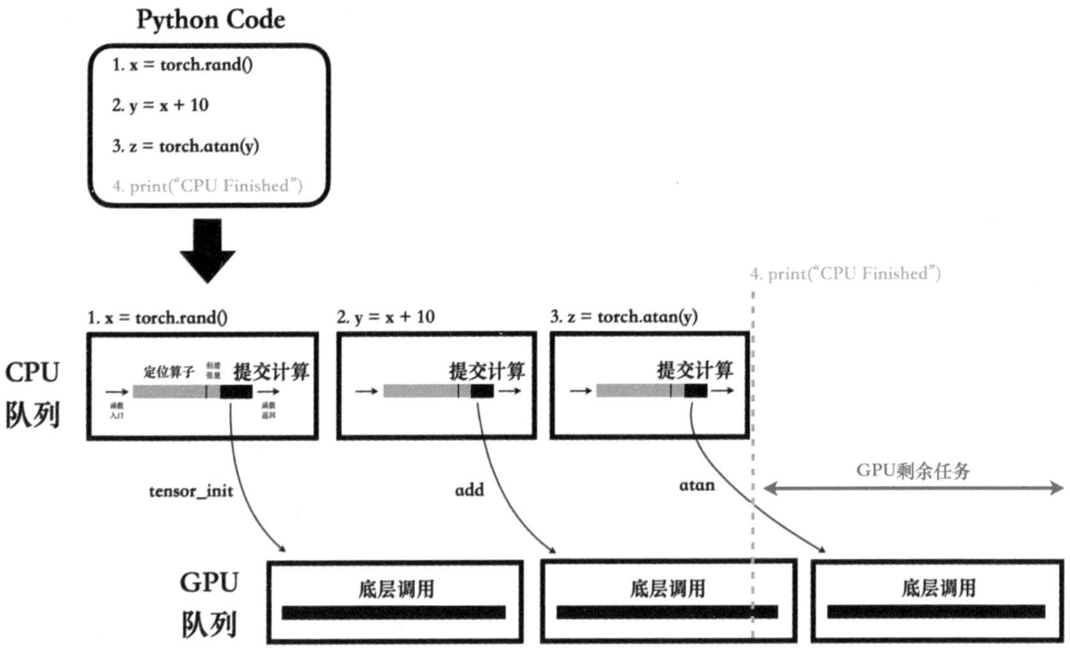

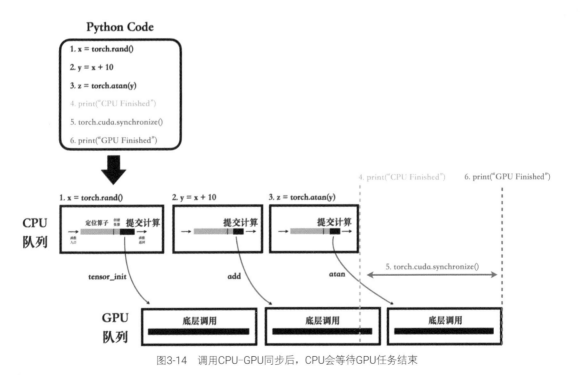

图3-13　CPU运行结束时，GPU依然在执行任务

图3-14　调用CPU–GPU同步后，CPU会等待GPU任务结束

从图中可以看出，强制CPU-GPU同步之后，"GPU Finished"会在GPU任务全部结束之后才打印出来。

值得注意的是，除了来自用户的手动显式调用同步操作，PyTorch的一些操作也会隐式地调用同步操作，不过这个部分我们将留到6.3小节进行深入的讲解。

04 定位性能瓶颈的工具和方法

我们在第2章：深度学习必备的硬件知识中，介绍了深度学习训练系统所依赖的各个硬件单元，及其相应的功能。然而由这些硬件单元组成的训练系统，其整体性能却往往由最为薄弱的一环决定，这也就是我们常常说的**性能瓶颈**。硬件单元间的性能不匹配可能导致性能瓶颈，例如，高性能GPU与低效CPU的组合可能会导致GPU性能的浪费；此外，性能瓶颈也可能源于软件调度不当，比如未充分利用CPU的多核性能或运用了未经优化的GPU代码。

深度学习的性能优化，本质上就是围绕着解决系统瓶颈展开的。而解决系统瓶颈的最核心步骤，就是对性能瓶颈的定位——也就是要知道性能的短板在哪里，然后才可以对症下药。具体来说，性能瓶颈往往是程序中占用大量时间的部分。性能瓶颈既可以是数据从CPU传输到GPU的时间，还可能是一个算子序列的累积时间。一般来说只要能定位到准确的性能瓶颈点，多少都能产生一些解决瓶颈的思路。

性能优化的另一个核心是性价比，因为除了定位性能瓶颈以外，预测性能优化的收益也是重中之重，想要让程序100%利用全部硬件资源往往并不现实。我们需要平衡性能提升与实现优化的时间成本，意大利经济学家Vilfredo Pareto曾经提出著名的80/20法则，简单来说就是少数事情往往决定了大部分的结果，通过识别和专注于20%的关键因素，可以更有效地分配资源和时间，提升效率。例如，对于仅使用一次、运行时间仅一分钟的临时程序，投入数天时间提升10%的性能可能就不值得了。

本章将深入讲解如何通过计时和多层次的性能分析器全面获取程序的性能画像，解析不同工具的结果，发现并逐一定位问题。但本章不会涉及具体的优化技术，这些优化策略将在后续章节中进行深入探讨。

4.1 配置性能分析所需的软硬件环境

无论是定位性能瓶颈，还是分析性能优化的预期收益，测量程序的运行时间是最基础的操作。但是如果测试的波动很大，比如相同的代码跑在同样的硬件上，上午测出来一轮训练时间为10s，下午再测试就变成一轮时间为30s，这样的数据是没办法用的。为了保证分析结果的可靠性，对测试环境的稳定性有一定要求。由于程序运行的软件和硬件环境中影响因素较多，本节将根据重要性排序，依次介绍提升测试稳定性的方法。

4.1.1 减少无关程序的干扰

即使是在后台运行的应用程序也可能占用宝贵的GPU或CPU资源，从而影响测试结果的准确性。因此我们需要查询当前GPU和CPU等资源的使用情况，逐一检查并关闭那些与测试无关的进程。这样做不仅可以释放出被占用的资源，还能确保测试环境干净可控，从而提供更准确、可靠的结果。

首先运行NVIDIA提供的系统管理接口NVIDIA-SMI来查看当前占用GPU资源的所有进程，如图4-1所示。

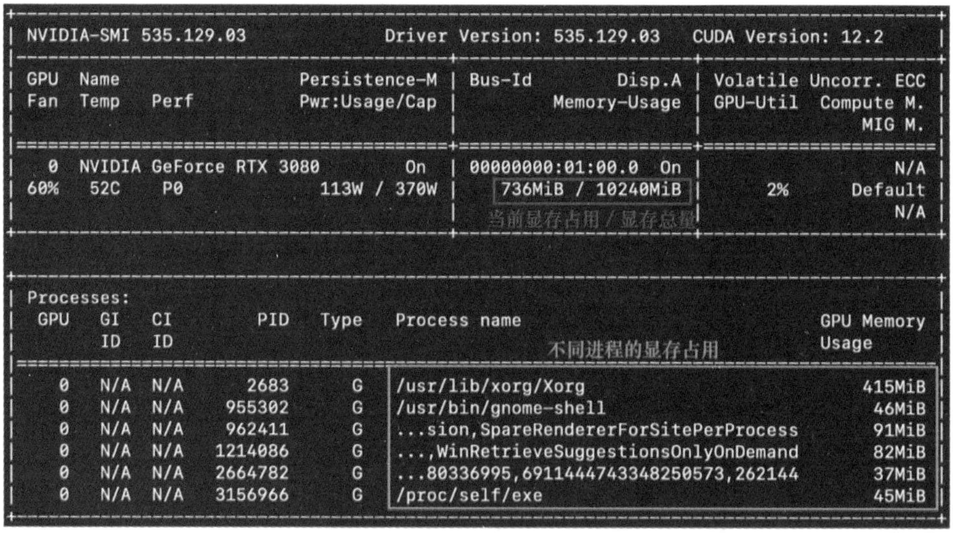

```
NVIDIA-SMI 535.129.03          Driver Version: 535.129.03   CUDA Version: 12.2

GPU  Name        Persistence-M | Bus-Id        Disp.A | Volatile Uncorr. ECC
Fan  Temp  Perf  Pwr:Usage/Cap |         Memory-Usage | GPU-Util Compute M.
                               |                       |               MIG M.

  0  NVIDIA GeForce RTX 3080 On | 00000000:01:00.0  On |             N/A
 60%  52C    P0    113W / 370W |   736MiB / 10240MiB |      2%      Default
                               |   当前显存占用 / 显存总量 |               N/A


Processes:
 GPU   GI   CI       PID   Type   Process name                    GPU Memory
       ID   ID                                                     Usage
       不同进程的显存占用
   0   N/A  N/A      2683    G   /usr/lib/xorg/Xorg                    415MiB
   0   N/A  N/A    955302    G   /usr/bin/gnome-shell                   46MiB
   0   N/A  N/A    962411    G   ...sion,SpareRendererForSitePerProcess 91MiB
   0   N/A  N/A   1214086    G   ...,WinRetrieveSuggestionsOnlyOnDemand 82MiB
   0   N/A  N/A   2664782    G   ...80336995,6911444743348250573,262144 37MiB
   0   N/A  N/A   3156966    G   /proc/self/exe                         45MiB
```

图4-1　NVIDIA-SMI 输出示例

图4-1是NVIDIA-SMI 的示例输出，可以看到在尚未启动任何PyTorch程序时GPU的显存已经有超过700MB的占用，我们可以通过进程名称大致判断该进程是否可以被释放。在Linux系统中，还可以使用以下命令来获得更多信息：

```
1 ps aus | grep <PID>
2
```

如果确定该进程无关紧要，则可以通过下面命令结束指定进程。

```
1 kill -9 <PID>
2
```

有条件的读者还应避免在GPU的性能优化过程中使用图形界面，因为图形界面也会占用GPU资源，比如上图中的 /usr/bin/Xorg.bin 就对应了图形界面进程。可以考虑停止UNIX系统的图形用户界面服务，之后通过另一台机器进行 SSH 远程登录。

除了GPU以外，CPU也是训练过程中的重要计算资源，会影响数据加载和预处理性能。然而使用CPU的进程数量往往非常多，其中还包括很多系统进程，因此我们只需要确保没有重度使用CPU的进程即可，确保CPU有足够的空闲资源运行测试。

CPU的使用率可以通过 htop 这一系统监视工具来查看。它不仅可以用于查看每个CPU核心的使用率，还进一步展示了各个进程对CPU资源的使用情况。图4-2显示了 htop 的示例输出。

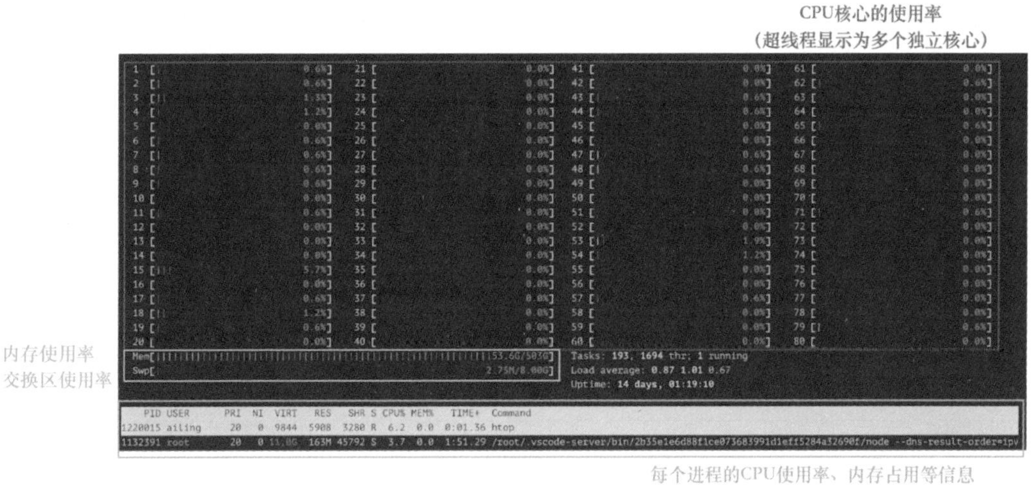

图4-2　htop输出示例

图中上面部分1-80 的编号对应CPU的80个核心各自的使用情况，在性能优化前最好保证大部分核心的使用率均较低。一旦发现CPU使用率偏高——比如大部分CPU核心的占用率长时间在60%～70%以上，还可以通过图中最下方的进程列表来查询使用CPU最多的进程，并决定是否将其终止。

4.1.2　提升PyTorch程序的可重复性

在4.1.1小节中我们着重讨论了如何避免其他程序的干扰，尽可能让目标程序独占计算资源，降低性能波动。然而一个程序内部往往也存在着一定的随机性，当这种随机性和逻辑分支纠缠在一起时，也会对性能表征产生影响。比如有时我们会根据某个数值的计算结果来决定执行 if-else 中的一个分支，或者根据运行时的数值来决定循环的次数等。这时如果对数值随机性没有任何约束，很可能出现"这次测试跑了10次循环结束，下次测试却跑了50次循环才结束"的情况，这样的数据同样是无法用于性能分析的。因此在本小节中，我们会专门介绍约束程序随机性的方法。

1. 设置PyTorch随机种子

PyTorch程序提供了一些带有随机性的接口，这既包括使用如 torch.rand() 这样的随机初始化的张量生成接口，也包括一些PyTorch底层代码实现中使用的随机数。在 PyTorch 中，每个后端（如 CPU 和 GPU）有各自的随机数生成器。设定一个后端的随机数种子不会影响另一个后端的随机数生成器。因此，为了确保跨设备的一致性和可重复性，一般需要分别为每个后端设置种子。幸运的是PyTorch提供了一个torch.manual_seed()接口可以"一键设置"所有后端的随机数生成种子，以确保每次运行代码时，生成的随机数序列都是相同的。

在下面代码中，我们展示了设置随机数种子对 torch.rand() 结果的影响。通过多次运行程序，可以看到在设置随机数种子之前，torch.rand() 每次运行得到的结果并不相同；但在设置随机数种子之后，torch.rand() 每次给出的结果就是一致的了。

```python
import torch


def generate_random_seq(device):
    return torch.rand((3, 3), device=device)


print(
    f"""不设置随机种子时，每次运行生成的序列都是不同的
CPU: {generate_random_seq('cpu')}
CUDA: {generate_random_seq('cuda')}"""
)

seed = 32
torch.manual_seed(seed)
torch.cuda.manual_seed(seed)

print(
    f"""设置随机种子后，每次运行都会生成相同的序列
CPU: {generate_random_seq('cpu')}
CUDA: {generate_random_seq('cuda')}"""
)

# 第一次运行代码结果
# 不设置随机种子时，每次运行生成的序列都是不同的
# CPU: tensor([[0.8485, 0.6379, 0.6855],
#             [0.0954, 0.7357, 0.3545],
#             [0.9822, 0.1272, 0.9752]])
# CUDA: tensor([[0.5688, 0.7038, 0.6558],
```

```
30 #            [0.1524, 0.8050, 0.7368],
31 #            [0.5904, 0.2899, 0.4835]], device='cuda:0')
32 # 设置随机种子后，每次运行都会生成相同的序列
33 # CPU: tensor([[0.8757, 0.2721, 0.4141],
34 #            [0.7857, 0.1130, 0.5793],
35 #            [0.6481, 0.0229, 0.5874]])
36 # CUDA: tensor([[0.6619, 0.2778, 0.7292],
37 #            [0.8970, 0.0063, 0.7033],
38 #            [0.9305, 0.2407, 0.3767]], device='cuda:0')
39
40 # 相同代码，第二次运行结果
41 # 不设置随机种子时，每次运行生成的序列都是不同的
42 # CPU: tensor([[0.3968, 0.4038, 0.7816],
43 #            [0.1577, 0.8753, 0.8638],
44 #            [0.3971, 0.2644, 0.1432]])
45 # CUDA: tensor([[0.4933, 0.2223, 0.5825],
46 #            [0.6528, 0.9796, 0.3861],
47 #            [0.7478, 0.2834, 0.7953]], device='cuda:0')
48 # 设置随机种子后，每次运行都会生成相同的序列
49 # CPU: tensor([[0.8757, 0.2721, 0.4141],
50 #            [0.7857, 0.1130, 0.5793],
51 #            [0.6481, 0.0229, 0.5874]])
52 # CUDA: tensor([[0.6619, 0.2778, 0.7292],
53 #            [0.8970, 0.0063, 0.7033],
54 #            [0.9305, 0.2407, 0.3767]], device='cuda:0')
55
```

　　除了随机数生成器，很多PyTorch算子也包含随机成分，比如 Dropout 等。不过由于 torch.manual_seed()固定了所有后端的随机数生成种子，Dropout 层的随机性也会被固定。每次运行时，Dropout 层会在相同的位置丢弃神经元，这确保了结果的可重复性。

2. 设置NumPy随机种子

　　上文配置了PyTorch的随机种子，本小节将配置NumPy的随机种子，而接下来还要设置Python的随机种子。同样的事情需要重复多次，实在让人头疼。为什么需要单独设置这么多随机数种子呢？这主要是因为在Python生态系统中缺乏一个统一的随机数生成标准库。NumPy、PyTorch和TensorFlow等库在处理随机数生成时，各自有不同的实现和优化方式，因此，没有一个统一的方法可以集中控制Python程序中所有库的随机数种子。这里只是挑选了一些常用的Python第三方库来介绍。读者在日常使用中，如果用到了其他库，也需要注意这些库是否有单独的随机数种子设置。

　　就NumPy而言，它在深度学习应用中非常普遍，尤其是与PyTorch结合时，常用于执行数据预处理任务。因此，固定NumPy使用的随机种子对于维护程序的整体可复现性至关重要，示例代码如下。

```python
1 import numpy as np
2
3
4 def generate_random_seq():
5     return ", ".join([f"{np.random.random():.2f}" for _ in range(10)])
6
7
```

```
 8 print(f"不设置随机种子时，每次运行生成的序列都是不同的: {generate_random_seq()}")
 9
10 np.random.seed(32)
11
12 print(f"设置随机种子后，每次运行都会生成相同的序列: {generate_random_seq()}")
13
14 # 第一次运行结果
15 # 不设置随机种子时，每次运行生成的序列都是不同的: 0.11, 0.98, 0.96, 0.29, 0.80, 0.21,
   0.49, 0.36, 0.41, 0.64
16 # 设置随机种子后，每次运行都会生成相同的序列: 0.86, 0.37, 0.56, 0.96, 0.74, 0.82, 0.10,
   0.93, 0.61, 0.60
17
18 # 第二次运行结果
19 # 不设置随机种子时，每次运行生成的序列都是不同的: 0.19, 0.32, 0.09, 0.94, 0.03, 0.04,
   0.32, 0.19, 0.10, 0.64
20 # 设置随机种子后，每次运行都会生成相同的序列: 0.86, 0.37, 0.56, 0.96, 0.74, 0.82, 0.10,
   0.93, 0.61, 0.60
21
```

与上面的PyTorch例子类似，设置NumPy 的随机种子后，产生的NumPy随机数结果是固定的。

3. 设置Python随机种子

如果用户程序使用了Python 的random模块产生随机数，在默认情况下Python的随机数生成器会使用系统时间作为随机种子，这就导致我们每次跑同一个脚本随机生成的数字是不同的，如果想要稳定复现，则需要手动指定一个种子，代码如下。

```
 1 import os
 2 import random
 3
 4
 5 def generate_random_seq():
 6     return ", ".join([f"{random.random():.2f}" for _ in range(10)])
 7
 8
 9 print(f"不设置随机种子时，每次运行生成的序列都是不同的: {generate_random_seq()}")
10
11 seed = 32
12 random.seed(seed)
13
14 print(f"设置随机种子后，每次运行都会生成相同的序列: {generate_random_seq()}")
15
16 # 第一次运行结果
17 # 不设置随机种子时，每次运行生成的序列都是不同的: 0.66, 0.21, 0.71, 0.37, 0.17, 0.85,
   0.29, 0.66, 0.36, 0.68
18 # 设置随机种子后，每次运行都会生成相同的序列: 0.08, 0.21, 0.30, 0.90, 0.50, 0.72, 0.10,
   0.51, 0.84, 0.52
19
20 # 第二次运行结果
21 # 不设置随机种子时，每次运行生成的序列都是不同的: 0.26, 0.33, 0.47, 0.53, 0.13, 0.03,
   0.49, 0.99, 0.11, 0.43
22 # 设置随机种子后，每次运行都会生成相同的序列: 0.08, 0.21, 0.30, 0.90, 0.50, 0.72, 0.10,
   0.51, 0.84, 0.52
23
```

虽然设置随机数种子能控制一部分Python代码的随机性，但并不能完全消除随机性。因为随机性的来源很多，比如哈希算法就是其中之一。如果用到了基于哈希算法的如hash()函数，或者set的遍历，为了确保程序的可复现性，就需要设置环境变量PYTHONHASHSEED，代码如下。

```
1  python -c 'print(hash("hello"))' # 跑多次结果是不一样的
2  PYTHONHASHSEED=0 python -c 'print(hash("hello"))' #跑多次结果是一样的
3
```

甚至有一些随机性是无法控制的，例如使用Python的glob模块获取的文件列表顺序可能是不确定的，这个顺序会受到操作系统和文件系统类型等多种因素的影响。如果在调试过程中需要可复现性，要求文件以特定顺序出现，那么我们就需要在获取文件列表后，手动对这些文件进行排序。

4. 约束GPU算子的随机性

GPU的计算特点与CPU存在一些差别，这尤其体现在数值精度方面。简单来说，GPU的计算结果往往带有更高的随机性，而这个随机性的产生是有多种来源的，让我们从硬件底层的机制开始说起。

首先，浮点运算的机制及其硬件实现可能导致结合律在某些情况下不适用，即 $(A+B)+C$ 的计算结果可能与 $A+(B+C)$ 的结果有所不同。对于GPU而言，由于其并行处理的特性，进行大量的数值累加时，累加的顺序可能不固定，从而可能进一步放大这种数值差异。如果需要确保计算结果的确定性，可能需要在软件层面投入更高的成本来进行修正。

除了硬件机制导致的数值差异以外，NVIDIA提供的cuDNN加速库还在软件层面上进一步加重了数值的不确定性。以卷积算法为例，cuDNN提供了不同版本的卷积实现方法，会根据情况临时选择其中性能最高的一种进行卷积计算，这就导致其计算结果更加的不可控。除此以外，如果算子实现过程中用到了随机采样的算法，那么采样的随机性同样也会对结果产生影响。

由此可见，GPU计算结果的随机性是相当难以控制的。不过对于cuDNN相关的操作，PyTorch还是提供了 torch.backends.cudnn.deterministic 和 torch.backends.cudnn.benchmark 接口，二者结合使用可以最大程度提高GPU计算结果的稳定性，使用方法如下所示：

```
1  torch.backends.cudnn.deterministic = True
2  torch.backends.cudnn.benchmark = False
3
```

其中torch.backends.cudnn.benchmark = False 会确保cuDNN仅使用同一种卷积算法，而 torch.backends.cudnn.deterministic = True 则致力于消除算子的底层实现中的随机性。需要注意的是，使用这两个接口都可能导致GPU计算性能下降，所以尽量只在需要调试程序或者进行性能分析时开启。

5. 完整的随机性约束脚本

为了方便使用，我们为读者提供了一个 set_seed 函数[1]，可以一键设置前文介绍的所有随机种子，代码如下：

```
 1 def set_seed(seed: int = 37) -> None:
 2     np.random.seed(seed)
 3     random.seed(seed)
 4     torch.manual_seed(seed)
 5     torch.cuda.manual_seed(seed)
 6     torch.backends.cudnn.deterministic = True
 7     torch.backends.cudnn.benchmark = False
 8
 9     os.environ["PYTHONHASHSEED"] = str(seed)
10     print(f"设置随机数种子为{seed}")
11
```

4.1.3 控制GPU频率

在第2章介绍了GPU的一些核心性能指标，比如计算效率、显存带宽等。然而这些性能指标其实是理论最大值，而GPU在实际运行过程中会根据芯片状态动态调整显存频率和基础频率来自动平衡性能和功耗。对于性能分析而言，我们需要GPU始终保持在相同的频率进行测试，从而降低数据波动。可以使用如下指令来锁定GPU的频率：

```
 1 # 查询
 2 nvidia-smi --query-gpu=pstate,clocks.mem,clocks.sm,clocks.gr --format=csv
 3
 4 # clocks.current.memory [MHz], clocks.current.sm [MHz], clocks.current.graphics
   [MHz]
 5 # 9751 MHz, 1695 MHz, 1695 MHz
 6
 7 # 查询GPU支持的clock组合
 8 nvidia-smi --query-supported-clocks=gpu_name,mem,gr --format=csv
 9
10 # 设置persistent mode
11 sudo nvidia-smi -pm 1
12
13 # 固定GPU时钟
14 nvidia-smi -ac 9751,1530 # <memory, graphics>
15
```

注意AI GPU如V100、A100等是支持锁频功能的，但一些家用级别GPU可能不支持锁频（如RTX3090、4090系列），这时锁频指令会显示下述信息：

```
 1 Setting applications clocks is not supported for GPU 00000000:1A:00.0.
 2 Treating as warning and moving on.
 3
```

1　https://vandurajan91.medium.com/random-seeds-and-reproducible-results-in-pytorch-211620301eba

这些机器仍然可以用来进行性能基准测试，只是由于GPU频率的影响测量数据的噪声会大一些。

4.1.4　控制CPU的性能状态和工作频率

4.1.3 小节中提到GPU存在可动态调整的显存频率和基础频率，这样驱动程序可以动态调整GPU功耗和性能。实际上CPU也有类似的机制——一个CPU的性能状态被划分为不同的等级，称为**性能状态**（Performance state，P-state）。每个P-state对应于一组特定的工作频率和电压。较高的P-state通常对应于更高的性能和功耗，而较低的P-state对应于更低的性能和功耗。

由于P-state会对性能产生影响，在进行性能测量时，我们希望固定P-state和CPU频率，确保在每次运行基准测试[1]时处理器以相同的性能状态运行。

首先需要安装 cpufrequtils 软件包，并通过设置最大、最小频率来间接控制住CPU的状态，代码如下：

```
1 # 安装
2 sudo apt install cpufrequtils
3
4 # 设置最大/最小频率
5 sudo cpufreq-set -r -g performance
6 sudo cpufreq-set -r -d 2Ghz
7 sudo cpufreq-set -r -u 2Ghz
8
```

然后可以查询当前CPU的性能信息和工作状态，来验证改动是否生效，代码如下：

```
1 # 查询
2 cpufreq-info
3
4 # 或者
5 cat /sys/devices/system/cpu/cpu0/cpufreq/scaling_cur_freq
6 cat /sys/devices/system/cpu/cpu0/cpufreq/scaling_min_freq
7 cat /sys/devices/system/cpu/cpu0/cpufreq/scaling_max_freq
8
```

除了设置P-state以外，在对性能稳定性要求非常高的场景下，还可以在驱动或BIOS层面进一步关闭一些对性能有影响的CPU特性。然而由于这些设置在BIOS层面，并且不会随着机器重新启动而重置，有一定概率会导致系统问题，所以仅在对性能稳定性有极致要求的情景下使用。下面的一些设置仅供有需要的读者进行参考。

首先，我们可以通过设置max_cstate来阻止CPU进入低功耗状态。在计算机系统中C-state是指处理器的不同功耗状态，其中C0表示处理器处于活动状态，而C1、C2、C3等表示不同的睡眠状态，功耗逐渐降低。通过将max_cstate设置为1，系统将限制处理器进

1　https://github.com/pytorch/benchmark/blob/main/torchbenchmark/util/machine_config.py

入到C1状态，阻止其进入更深的睡眠状态。性能测试过程中，限制处理器进入低功耗状态可以确保处理器始终处于高性能状态，从而提供更稳定和可重复的测试结果。

其次，我们可以关闭超线程和睿频等高级功能。这两种高级功能可以带来性能上的提升，但增益很难预测，因此为了计时的稳定性我们在进行性能分析时建议关闭这些功能。我们可以通过下面的命令查看相应高级功能是否处于激活状态：

```
1  # 查询 C_state
2  cat /sys/module/intel_idle/parameters/max_cstate
3
4  # 查询 turbo状态
5  cat /sys/devices/system/cpu/intel_pstate/no_turbo
6
```

然而，值得注意的是，即使实施了前述的各种设置，仍然不能完全保证程序的可重复性。不同的硬件和软件配置可能会不同程度地影响性能测试结果。因此，追求性能稳定性时应适可而止，只需确保多次性能测试的结果稳定且精确度符合分析需求即可。

4.2 精确测量程序运行时间

其实很多场景下，性能分析并不需要借助专业的分析工具，只要打印出不同代码块的运行时间就够了。因此给程序计时或者在运行过程中打印时间戳，常常是最基础也最有效的性能分析方法。

然而想要精准测量PyTorch程序的运行时间并不是一个简单的事情，本小节我们会按照由简入繁的顺序，逐次介绍两种适用不同场景的计时方法。一种是利用 Python原生的 time 模块计时；另一种则是在GPU上使用CUDA事件计时——这种方式测量的精度更高。值得注意的是，在实际应用中计时的精度越高，相应的测试步骤也越烦琐，具体分析方法的选择还应因地制宜。

4.2.1　计量CPU程序的运行时间

我们可以使用Python提供的 time 模块进行程序计时，这使用的是CPU的硬件时钟。具体来说，我们在测试代码前记录起始的时间戳（timestamp），然后在测试代码后记录结束的时间戳，通过两个时间戳之间的差异来计量测试代码的运行时间。时间戳的数值本身要么没有物理意义，如 time.perf_counter，要么很难解读，如time.time()表示"从1970 年 1 月 1 日午夜到现在的秒数"，因此时间戳的绝对数值意义不大，通过两个时间戳之间的间隔来测量代码执行时间才是我们主要关注的部分。一般来说相比于time.

time()，笔者推荐使用精度更好更稳定的time.perf_counter()。下面通过一个例子来展示time.perf_counter()的用法：

```
1 import time
2
3 start = time.perf_counter()
4
5 # 在此处运行你的代码
6
7 end = time.perf_counter()
8 print(f"程序执行时间: {end - start}s")
9
```

4.2.2　程序预热和多次运行取平均

计算机程序具有冷启动效应。具体到训练过程来说，一般最初几轮训练的单轮耗时要显著多于平稳运行时每轮的耗时，这主要是设备初始化、缓存命中、代码初次加载等诸多因素导致的。因此如果希望得到一致性更强的性能测试结果，就需要在正式测量前先进行几轮热身，从而让系统达到稳定状态。除了程序预热以外，还应该测试多轮训练取平均值，进一步增加测试结果的稳定性。

我们来实际观察一下预热、取平均值对测试结果稳定性的帮助。运行下面的程序可以看到程序前几次运行的时间开销比正常情况下几个数量级，且即使在热身后测量到的时间也有波动，因此热身和重复实验取平均值是非常必要的。

```
 1 import time
 2 import torch
 3
 4
 5 def my_work():
 6     # 需要计时的操作
 7     sz = 64
 8     x = torch.randn((sz, sz))
 9
10
11 if __name__ == "__main__":
12     # 热身
13     num_warmup = 5
14     for i in range(num_warmup):
15         start = time.perf_counter()
16         my_work()
17         end = time.perf_counter()
18         t = end - start
19         print(f"热身#{i}: {t * 1000 :.6f}ms")
20
21     # 多次运行取平均
22     repeat = 30
23     start = time.perf_counter()
24     for _ in range(repeat):
25         my_work()
26     end = time.perf_counter()
```

```
27
28      t = (end - start) / repeat
29      print(f"{repeat}次取平均: {t * 1000:.6f}ms")
30
31 # 热身#0: 0.317707ms
32 # 热身#1: 0.023586ms
33 # 热身#2: 0.016913ms
34 # 热身#3: 0.016409ms
35 # 热身#4: 0.015868ms
36 # 30次取平均: 0.014164ms
37
```

4.2.3　计量GPU程序的运行时间

尽管使用 time.perf_counter() 可以测量GPU代码的运行时间。但在使用PyTorch的过程中，新手经常会犯一个错误。正如第3.5小节所讨论的，CPU和GPU之间的操作是异步的。由于Python解释器在CPU上运行，使用 time.perf_counter() 记录的时间实际上是CPU的时间戳。如图4-3所示，若CPU没有等待GPU任务完成就记录时间的话，测量结果就是错的，通常会比实际程序运行时间短很多。

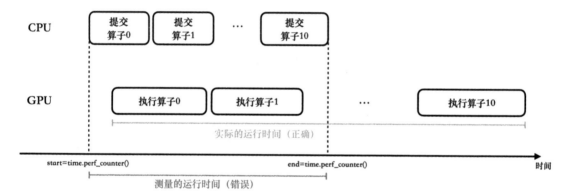

图4-3　未经同步即测量GPU时间，产生测量错误的原理图

如果想要正确测量GPU代码的运行时间，就必须让CPU先等待GPU运行完成，也就是调用 torch.cuda.synchronize() 结束再记录时间戳。代码如下所示：

```
1 import time
2 import torch
3
4 sz = 512
5 N = 10
6 shape = (sz, sz, sz)
7
8 x = torch.randn(dtype=torch.float, size=shape, device="cuda")
9 y = torch.randn(dtype=torch.float, size=shape, device="cuda")
10
11 torch.cuda.synchronize()
12 start = time.perf_counter()
13 for _ in range(N):
14     z = x * y
```

```
15 # 同步
16 torch.cuda.synchronize()
17 end = time.perf_counter()
18 print(f"{N}次运行取平均: {(end - start) / N}s")
19
```

如图4-4所示，torch.cuda.synchronize() 会阻塞程序直到最后一个操作在GPU上执行完成后，再返回CPU进行记录时间戳。这里测量的主要是GPU执行算子的时间。大多数情况下，CPU在提交算子时产生的额外开销可以与GPU执行重叠，从而不会显著影响总执行时间。

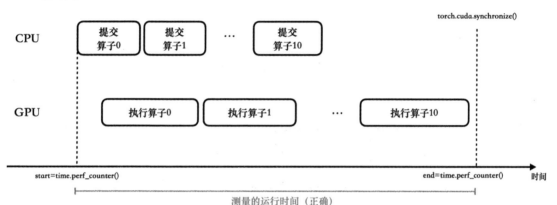

图4-4 经CPU-GPU同步后，正确测量GPU时间的原理图

4.2.4 精确计量GPU的运行时间

4.2.3 小节中我们联合使用 torch.cuda.synchronize() 和 time.perf_counter() 来计量GPU程序的运行时间。这实际上是在CPU端测量GPU操作的耗时，而CPU-GPU的同步过程会产生一定延迟，所以使用上面的CPU时间戳间隔测量的GPU耗时是要略长于GPU算子实际运行时间的。

那么可不可以直接在GPU上精确测量执行时间呢？答案是肯定的，我们可以通过CUDA Event来完成GPU上的时间测量。与CUDA算子一样，CUDA Event也是在GPU队列上执行的GPU任务，因此使用两个CUDA Event的时间间隔能够更加精准地测量GPU操作的执行时间。

下面的代码展示了通过CUDA Event测量GPU时间的方法。简单来说我们创建了两个torch.cuda.Event()对象，随后利用其 record() 方法在GPU队列中进行标记，最后通过两个CUDA Event的时间间隔来测量GPU运行时间：

```
1 import torch
2
3 sz = 512
4 shape = (sz, sz, sz)
```

```
 5 x = torch.randn(dtype=torch.float, size=shape, device="cuda")
 6 y = torch.randn(dtype=torch.float, size=shape, device="cuda")
 7
 8 start = torch.cuda.Event(enable_timing=True)
 9 end = torch.cuda.Event(enable_timing=True)
10 start.record()
11 z = x + y
12 end.record()
13
14 # 等待GPU运行完成
15 torch.cuda.synchronize()
16
17 print(f"用时{start.elapsed_time(end)}ms")
18
```

我们在程序结束的时候依然使用了 torch.cuda.synchronize() ，但这仅仅是为了确保GPU计算完成，使用CUDA Event测量GPU的执行时间本身并不需要进行CPU-GPU间的同步。使用上述代码测量GPU运行时间的示意图如下所示，可以看出使用 CUDA Event测量出的GPU时间更为精准。

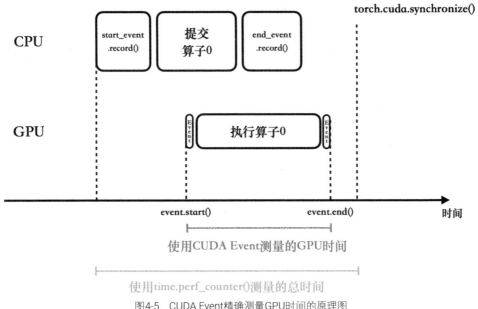

图4-5　CUDA Event精确测量GPU时间的原理图

4.3 PyTorch性能分析器

对于训练流程简单、各个训练模块耦合很浅的代码来说，直接通过4.2小节介绍的方法测量每个模块的运行时间就能大致知道性能瓶颈在哪里。然而现实中的训练代码往往逻辑复杂，而且涉及较多的不同训练阶段，仅仅打印运行时间不足以提供有效的信息。这时我们可以考虑使用综合性的性能分析工具。

性能分析工具也是分不同层级的，**往往越是底层的分析工具越能提供更多信息，但这并不总是一件好事，过多的底层硬件信息很可能带来的是干扰而不是帮助**。举个例子，我们可能通过某种底层分析工具发现，一种叫作hfma.rn.f16的指令占比很高，请问我们要如何优化hfma.rn.f16指令呢？答案是很难优化，因为hfma.rn.f16对应了半精度乘加操作，这是很多算子里都会使用的计算指令，所以研究hfma.rn.f16的占比并不能说明太多问题。然而底层分析工具中经常包含成百上千条类似的干扰信息，需要花费成倍的时间来不断查找、分析、实验和排除这些干扰。

从上面的例子可以看出，选用"合适"的分析工具要比一味地追求更底层的工具更为重要。对于训练过程的整体优化而言，本书最为推荐使用PyTorch原生的torch.profiler。在与Perfetto UI进行联用之后，它能够很好地兼顾使用的易用性和性能指标的信息量。

大部分性能分析工具都提供多种不同分析功能，torch.profiler 自然也是如此。所以接下来本书将从不同方面来依次介绍 torch.profiler 的能力。

4.3.1　性能分析

我们先从 torch.profiler 最基本的功能开始介绍。下面的示例代码展示了如何使用 torch.profiler 进行性能分析。我们将想要测试性能的代码model(inputs)放在 torch.profiler 的作用域下面，如果同时对多段不同代码进行分析，还可以使用 record_function 来给不同代码段的性能测试结果贴上相应的标签，方便在分析时进行辨认。

```
1 import torch
2 import torchvision.models as models
3 from torch.profiler import profile, record_function, ProfilerActivity
4
5 model = models.resnet18().cuda()
6 inputs = torch.randn(5, 3, 224, 224, device="cuda")
7
8 with profile(activities=[ProfilerActivity.CPU, ProfilerActivity.CUDA]) as prof:
9     with record_function("model_inference"):
10        model(inputs)
11
12 print(prof.key_averages().table(sort_by="cuda_time_total", row_limit=10))
13
```

torch.profiler打印的结果如图4-6所示。可以看到测试的代码段在GPU上运行的时长只有919μs，且大部分时间花在了aten::cudnn_convolution 等卷积相关的函数调用上。除此以外，batchnorm 算子只占了很少的时间。因此这个程序最大的性能瓶颈在卷积算子上面。

图4-6　PyTorch Profiler 性能分析示例

4.3.2　显存分析

torch.profiler 可以追踪每个算子在执行时分配的显存大小，可以间接用来定位显存峰值出现的位置。下述示例代码展示了如何开启 torch.profiler 的显存分析功能，打印的结果如图4-7所示。

```
1  import torch
2  import torchvision.models as models
3  from torch.profiler import profile, record_function, ProfilerActivity
4
5  model = models.resnet18().cuda()
6  inputs = torch.randn(5, 3, 224, 224, device="cuda")
7
8  with profile(
9      activities=[ProfilerActivity.CPU, ProfilerActivity.CUDA],
   profile_memory=True
10 ) as prof:
11     model(inputs)
12
13 print(prof.key_averages().table(sort_by="self_cuda_memory_usage", row_limit=5))
14
```

GPU显存占用

Name	CPU Mem	Self CPU Mem	CUDA Mem	Self CUDA Mem
aten::cudnn_convolution	0 b	0 b	49.78 Mb	49.78 Mb
aten::empty	0 b	0 b	48.10 Mb	48.10 Mb
aten::max_pool2d_with_indices	0 b	0 b	12.41 Mb	12.41 Mb
aten::batch_norm	0 b	0 b	48.10 Mb	8.62 Mb
aten::addmm	0 b	0 b	8.14 Mb	8.14 Mb

图4-7　PyTorch Profiler 显存分析示例

不过这里的信息比较笼统，只能对每个算子的内存占用有个大致了解，如果想要专门对显存进行优化，则推荐使用PyTorch原生的显存工具 torch.cuda.memory._record_memory_history()，我们会在第7章显存优化专题中进行详细讲解。

4.3.3　可视化性能图谱

类似4.3.1中这样直接打印 torch.profiler 的性能分析结果，在阅读的时候毕竟还是不太方便，因此 torch.profiler 还支持导出用于可视化分析的文件，可以通过下面展示的代码来导出：

```
1 prof.export_chrome_trace("profiler_export_trace.json")
2
```

在当前文件夹会出现一个名为 profiler_export_trace.json 的文件，在浏览器中打开 Perfetto trace viewer[1]，导入该文件，便能够以时间轴的形式浏览事件，如图4-8所示。

如图4-8所示，这个界面中有三个需要重点关注的区域，靠上的两个区域对应了 CPU任务队列，可以进一步分为前向传播部分和反向传播部分；而下面的区域则对应GPU任务队列。图中还能观察到一条从CPU-前向传播到GPU-任务队列的连线，标记着CPU和GPU任务的对应关系，对此不甚熟悉的读者请参考3.5小节对异步机制的讲解。

图4-9中的每个条幅对应一个程序事件，比如算子的执行、函数的调用等。我们可以点击图中的某个GPU条幅，这时Perfetto UI会将该GPU算子对应的CPU任务提交连接起来。除此以外还会弹出一个界面，显示该GPU事件的详细信息，比如起止时间、硬件相关信息等。在定位到性能瓶颈后，这些信息可以辅助我们对性能瓶颈的来源进行深入分析。

4.3.4　如何定位性能瓶颈

利用4.3.3小节中讲解的PyTorch Profiler的可视化性能图像，我们很容易就能够发现训练程序的性能瓶颈。而且除了上面提到的基础功能，PyTorch Profiler还可以记录调用栈信息，对于将问题定位回Python代码非常有帮助。对于绝大多数场景而言，我们可以通过如下标准流程来查找性能瓶颈：

（1）观察GPU队列，如果GPU队列整体都非常稀疏，那么性能瓶颈在CPU上。

（2）观察GPU队列，如果任务队列密集，而没有显著空白区域，说明GPU满载，那么性能瓶颈在GPU算子。

（3）观察GPU队列，如果任务队列密集，同时存在GPU空闲区域，则需要放大空闲区域进行进一步观察。

（4）观察GPU空闲区域，查看空闲前后GPU任务以及CPU任务详情，并以此推断导致GPU队列阻塞的原因。

我们通过图4-10展示几种典型的性能图像及其对应的性能瓶颈：

1　https://ui.perfetto.dev/

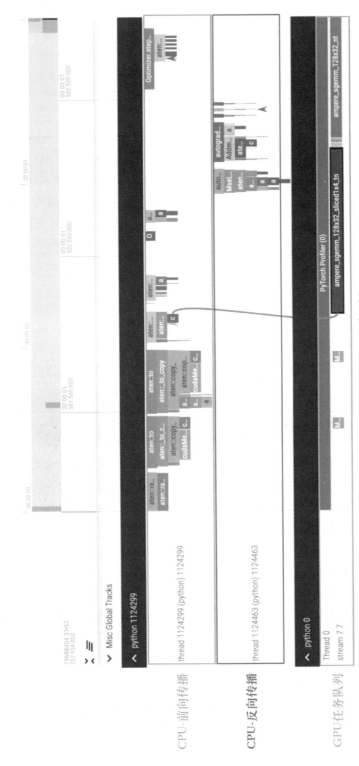

图4-8　PyTorch Profiler 性能图像示例

　大模型动力引擎——PyTorch性能与显存优化手册

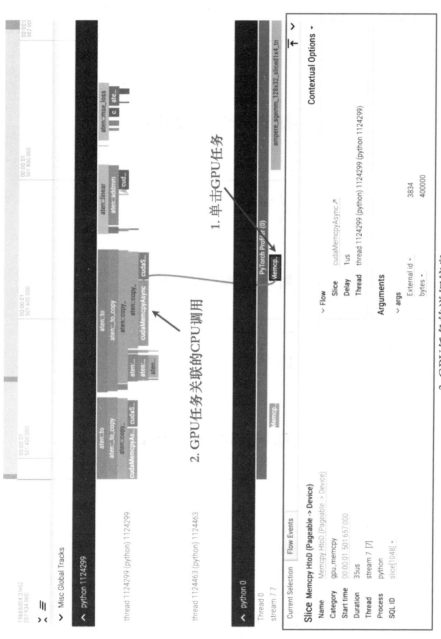

图4-9 PyTorch Profiler性能图像的详细信息

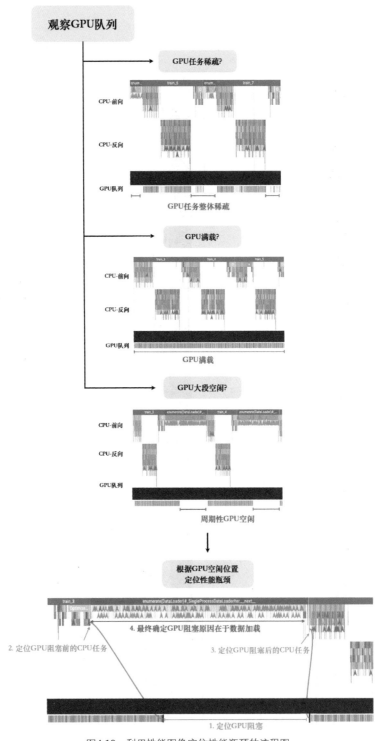

图4-10 利用性能图像定位性能瓶颈的流程图

4.4 GPU 专业分析工具

4.3节提到的PyTorch Profiler因其使用便捷性和丰富的分析指标而受到广泛使用，对于训练过程的全面分析帮助很大。PyTorch Profiler在易用性和专业性之间更倾向于前者，它提供了易用的接口和一些直观简洁的性能指标来帮助定位性能瓶颈和分析性能问题。对于绝大多数性能分析的场景使用PyTorch Profiler就绰绰有余了，然而当需要进行更高级的优化时，我们可能希望拿到更加深入底层的性能数据。在这些情况下，我们需要转向NVIDIA官方提供的更为专业的性能分析工具。因此在本节我们重点介绍 Nsight Systems 和 Nsight Compute 两种专业分析工具。

4.4.1　Nsight Systems

Nsight Systems与PyTorch Profiler非常相似，但是可以提供更为丰富的性能信息，因此常用来作为对 PyTorch Profiler的补充。整体来说Nsight Systems有两方面优点是PyTorch Profiler所不具有的：

- Nsight Systems 是非侵入式的性能分析工具，不需要对代码进行任何改动；PyTorch Profiler则需要在代码中添加 torch.profiler 等函数。
- Nsight Systems能够显示更详细的信息，包括操作系统、CUDA API、通信等层面的信息，对多GPU性能分析的支持也更加完善。

然而对于深度学习训练来说，绝大多数场景使用PyTorch Profiler就已经足够了，这使得Nsight Systems在深度学习领域中常常作为补充工具使用。有鉴于此，我们这里就不对Nsight Systems做过多的介绍了，感兴趣的读者朋友可以自行参考其官方文档和教程。

4.4.2　Nsight Compute

Nsight Systems 是对PyTorch Profiler的补充，二者还是属于相同层级的分析工具；Nsight Compute 则是完全专注于底层GPU内核函数的性能指标的分析工具。Nsight Compute 提供的信息多而庞杂，同时收集性能信息的速度非常慢，所以往往只用来分析较小的代码段。具体到训练过程来说，一般只有在优化CUDA算子时才会考虑使用Nsight Compute 用于定位算子内部的性能瓶颈。

要想充分发挥 Nsight Compute 的作用，需要读者同时掌握GPU的硬件知识和CUDA编程模型的相关概念。Nsight Compute的主要功能是展示各个CUDA函数（CUDA Kernel）的执行信息。然而这个所谓的"执行信息"过于丰富，以至于其使用文档异常冗长，还是让我们通过一个具体的例子来展示吧。

为了让读者朋友对 Nsight Compute 的分析速度之慢建立起直观的认识，这里我们用

Nsight Compute 分析一个完整模型的训练过程，尽管它多用于分析单个算子，代码如下：

```python
1  import torch
2  import torch.nn as nn
3  import torch.optim as optim
4
5
6  class SimpleCNN(nn.Module):
7      def __init__(self):
8          super(SimpleCNN, self).__init__()
9          self.conv1 = nn.Conv2d(1, 20, 5)
10         self.pool = nn.MaxPool2d(2, 2)
11         self.conv2 = nn.Conv2d(20, 50, 5)
12         self.fc1 = nn.Linear(50 * 4 * 4, 500)
13         self.fc2 = nn.Linear(500, 10)
14
15     def forward(self, x):
16         x = self.pool(torch.relu(self.conv1(x)))
17         x = self.pool(torch.relu(self.conv2(x)))
18         x = x.view(-1, 50 * 4 * 4)
19         x = torch.relu(self.fc1(x))
20         x = self.fc2(x)
21         return x
22
23
24 net = SimpleCNN().to("cuda")
25 criterion = nn.CrossEntropyLoss()
26 optimizer = optim.SGD(net.parameters(), lr=0.001, momentum=0.9)
27
28 for i in range(10):
29     inputs = torch.randn(32, 1, 28, 28, device="cuda")
30     labels = torch.randint(0, 10, (32,), device="cuda")
31     optimizer.zero_grad()
32     outputs = net(inputs)
33     loss = criterion(outputs, labels)
34     loss.backward()
35     optimizer.step()
36
```

我们可以直接用 Nsight Compute的图形界面来启动PyTorch程序，详细的使用方法请参考官方文档。参数配置方面，大部分使用系统默认的参数就完全足够了，唯独"Metrics"的配置需要特别注意，如图4-11所示。

一般我们对训练程序进行整体分析时会勾选"basic"选项，这时Nsight Compute只会分析数十种性能指标，帮助我们对可疑的算子进行粗略定位。当我们将性能瓶颈定位到少数几个算子后，再将"Metrics"切换到"full"选项。这样Nsight Compute就会分析多达上百种性能指标，同时还会绘制非常实用的数据曲线图、示意图等，帮助我们进行深入的性能分析。不过限于篇幅原因，我们这里只简单介绍"basic"选项的结果，有兴趣的读者还请移步Nsight Compute官方文档进行更加系统和全面的学习。

当 Nsight Compute 完成分析后，首先出现的界面是一个总结界面（summary），如图4-12所示。

大模型动力引擎——PyTorch性能与显存优化手册

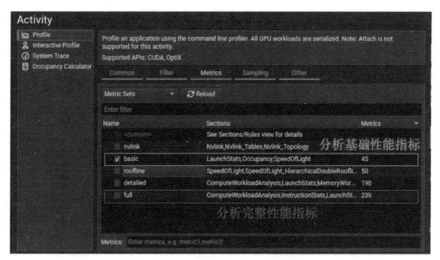

图4-11　Nsight Compute Metrics配置界面

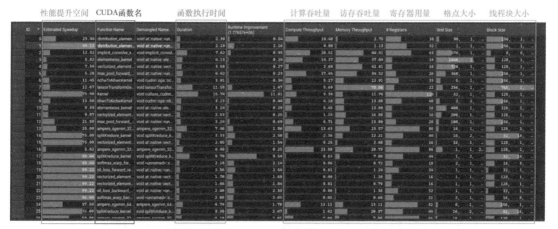

图4-12　Nsight Compute 性能分析示例

在总结界面中，我们可以看到执行的每个CUDA函数的名称（function name）、运行时间（duration）、大量硬件信息如吞吐量和每个线程的寄存器用量等，这些信息我们后续会进行简要的介绍。除此以外Nsight Compute还会预估函数的优化空间（estimated speedup），但具体数值仅供参考。

这些信息要具体怎么使用呢？让我们双击其中任意一个函数名称，进入细节（details）视图，这时我们会看到大量硬件相关的性能信息。这些信息非常庞杂，但是整体来说按照图4-13中所示的几个区域进行归类：

让我们对逐个区域进行解释。首先是最上方的区域，这个区域反映的是执行过程中，GPU不同硬件单元的吞吐量。一般来说吞吐量最高的硬件单元就是该CUDA函数的性能瓶颈，以此可以判断CUDA函数属于计算密集型还是访存密集型。

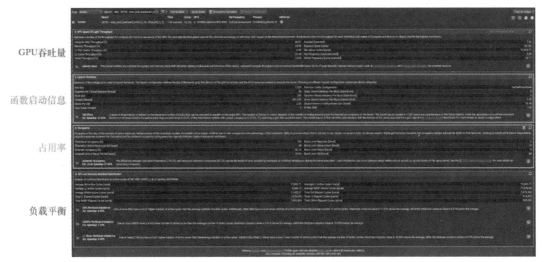

GPU吞吐量

函数启动信息

占用率

负载平衡

图4-13　Nsight Compute 详细性能分析信息

具体来说，如果我们观察一个池化函数（pooling）的硬件使用率情况，如图4-14所示，就会发现其计算吞吐量（Compute Throughput）要远高于访存吞吐量（Memory Throughput），说明当前这个池化函数是计算密集型的，但这有些反直觉。从计算特点来看，池化函数每次需要读取一块很大的数据区域，但是对这些数据的计算却比较简单，因此理应是访存密集型为主。从这个例子我们就可以看出Nsight Compute带来的价值，它能够定位表现异常的算子、提供性能分析数据，并最终帮助我们完成算子优化。然而限于篇幅原因，我们就不进一步展开分析这个池化算子的问题了。

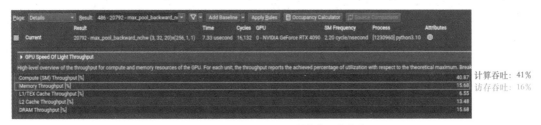

图4-14　Nsight Compute 硬件使用率信息

接下来让我们将注意力移动到**CUDA函数启动信息（Launch Statistics）**部分，这里展示的是每个CUDA函数在执行时的相关配置，比如说格点数量（Grid Size）、线程块大小（Block Size）、总线程数（Threads）等，这部分信息可以用来反映算子是否充分利用了GPU的资源。

比如说图4-15中算子的问题就在于配置的格点数量太少，没能充分使用GPU的流式多处理器（SM）。在图中蓝色框的位置处，还可以看到 Nsight Compute 对此给出的提示，GPU支持128个并行的多处理器核心，但是这个CUDA函数只调用了40个，所以还有性能优化的空间。

　大模型动力引擎——PyTorch性能与显存优化手册

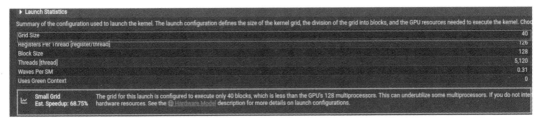

图4-15 Nsight Compute CUDA函数启动信息

最后让我们观察**占用率区域（Warp Occupancy）**。这部分信息反映了多线程在GPU上执行时，实际的并行程度。比如图4-16中存在的问题是线程使用率不高，理论上可以同时并行48个线程组，实际上只有10个，仅达到了理论并行度的20%。从提示中可以看出，导致该现象的原因可能有两类。一种可能是每个线程中的计算任务过于简单，导致线程束的创建和调度开销要显著大于线程计算任务的开销，所以优化方向是让多个简单线程合并成一个计算量较大的线程。另一种可能性则是线程束的负载不均衡，比如CUDA代码中存在大量线程发散，导致不同分支的线程束无法同步执行——这就需要我们结合CUDA代码进行具体分析。

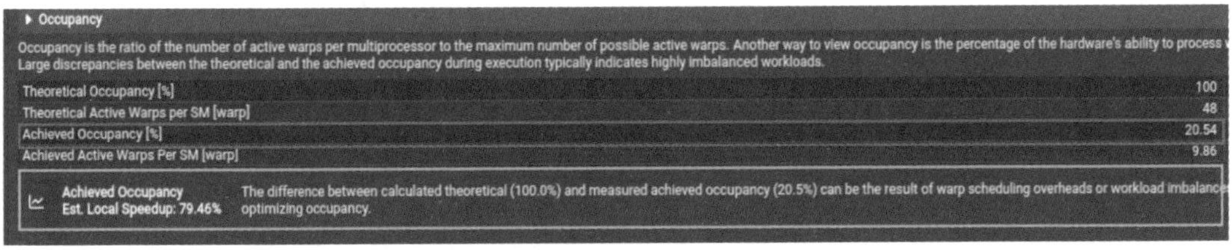

图4-16 Nsight Compute占用率信息

除了上面列举的信息以外，还有很多额外的信息可以辅助进行性能优化，包括我们没有仔细讲解的"计算、存储平衡"区域等。限于篇幅和内容的原因，我们不作更多的展开，有兴趣的读者朋友可以自行参考相关的文章和分析。

4.5 CPU 性能分析工具

4.5.1 Py-Spy

PyTorch Profiler在GPU分析方面的主要问题是深度不够，因此在4.4小节中我们介绍了Nsight Systems和Nsight Compute作为深度方面的补充。而在CPU分析方面，PyTorch

Profiler的主要问题则是广度不够，也就是覆盖的分析范围不够全面，这主要是因为PyTorch Profiler只负责追踪PyTorch的接口调用，而对于NumPy、PIL、Scipy等三方库的调用完全无法显示。

我们可以通过下述代码来观察到这一点，代码中存在一段耗时良久的NumPy调用，而这部分NumPy调用在PyTorch Profiler的性能图谱上显示为一片空白。

```python
1  import torch
2  import numpy as np
3  from torch.profiler import profile, record_function, ProfilerActivity
4
5
6  class SimpleModel(torch.nn.Module):
7      def __init__(self):
8          super().__init__()
9          self.linear = torch.nn.Linear(10, 10)
10
11     def forward(self, x):
12         return self.linear(x)
13
14
15 def numpy_heavy_computation(input_array):
16     size_inner = 1000
17     size_0 = input_array.shape[0]
18     size_1 = input_array.shape[1]
19     result = input_array
20     for _ in range(2):
21         matrix_a = np.random.randn(size_0, size_inner)
22         matrix_b = np.random.randn(size_inner, size_1)
23         result = np.dot(matrix_a, matrix_b) + result
24     return result
25
26
27 def run(data, model):
28     processed_data = numpy_heavy_computation(data)
29     tensor_data = torch.tensor(
30         processed_data[:10, :10], dtype=torch.float32, device="cuda"
31     )
32     output = model(tensor_data)
33
34
35 def main():
36     model = SimpleModel().to("cuda")
37     data = np.random.randn(10, 10)
38     for i in range(1000):
39         run(data, model)
40     torch.cuda.synchronize()
41
42
43 if __name__ == "__main__":
44     main()
45
```

可以看到图4-17中的性能图谱上完全没有显示NumPy相关的CPU调用，只是留作空白。

图4-17　PyTorch Profiler 未能追踪NumPy函数的示意图

那么如果想要全面地分析CPU性能该怎么办呢？这时可以借助Py-Spy[1]工具，它同样是非侵入式的，意味着我们不需要修改任何一行Python代码，即可通过如下命令开启CPU分析：

```
1 py-spy record -o profile.svg -- python test.py
2
```

Py-Spy可以生成一种名为火焰图（flame graph）的可视化文件。将上面指令产生的profile.svg 文件拖到浏览器中，就可以看到如图4-18所示的火焰图了。

模型前向传播　　　　　　　　　　　　　　　NumPy计算时间

图4-18　Py-Spy火焰图示例

火焰图的每个竖条都表示一组调用栈，上面是栈底、下面是栈顶。一般来说Python函数名称会出现在靠近栈底的位置，而栈顶一般是一些底层的C++函数名称。当把鼠标移动到火焰图的某个函数上时，还会在后面显示该函数对应的代码位置以及采样数。采样数本质上和运行时间只差一个系数，这个系数就是采样间隔，默认情况下采样间隔是 100 samples/s，因此采样数除以100就是函数实际运行的时间了。

从图中可以快速找到 numpy_heavy_computation 对应的运行时间，这就是我们代码中NumPy计算对应的CPU调用。Py-Spy是对所有Python原生程序以及第三方库都适用的分析工具，非常适合用来专门对CPU任务进行分析。

4.5.2　strace

有时候在Py-Spy的火焰图中可以观测到一些函数明显占用了过长的时间，却不知道系统在干什么。这时，使用strace来查看程序与操作系统之间的实时交互，如文件操作、内存管理和网络通信等，通常能带来极大的帮助。strace是一个在Linux环境中极其实用的诊断和调试工具，它能够追踪并记录程序执行的所有系统调用，包括每个调用的函数名、传递的参数以及返回值。strace的使用方法也很直接，既可以通过strace启动一个程序，也可以追踪一个正在运行的进程，代码如下所示。

1　https://github.com/benfred/py-spy

```
1  # 通过strace运行一个程序
2  strace python test.py
3
4  # 追踪一个已经运行的进程
5  strace -p <pid>
6
```

在使用 strace 追踪程序时，有一些常见的与性能相关的系统调用值得我们特殊关注：

- 文件相关的系统调用，如open/close/read/write/lseek等
- 网络通信相关的系统调用，如socket/bind/listen/send/recv等
- 进程控制相关的系统调用，如fork/execve/wait等
- 内存管理相关的系统调用，如mmap/munmap/brk等

strace可以有效地帮助开发者了解程序在运行时的行为，特别是用于诊断程序的性能异常等。

4.6 本章小结

本章主要介绍如何定位性能瓶颈，具体包括图4-19所示的三个步骤：

（1）配置一个稳定且可复现的软硬件环境。

（2）通过计时或观察PyTorch性能图谱来发现性能问题。

（3）使用底层硬件和系统相关的性能分析工具来剖析问题的根本原因。

一旦找到了性能问题并理解其原因，就可以参考第6章中的性能优化方法进行优化。此外，还可以参考第9章中的高级优化方法进行进一步优化。

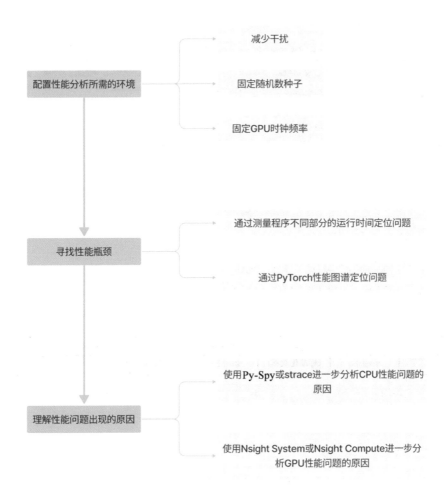

图4-19 定位性能瓶颈的工具和方法

数据加载和预处理专题

深度学习是一门从海量数据中学习复杂模型的数据科学，因此数据的加载和处理也是深度学习中的核心模块。大体来说，为模型训练准备数据包括以下几个步骤（图5-1）：

（1）从网络或者其他渠道收集原始数据。

（2）对原始数据进行清洗和离线预处理，生成标准化的数据。

（3）从硬盘上加载数据到内存，供CPU进行实时预处理。

（4）将数据从内存传输到显存，供GPU进行模型训练相关的计算。

图5-1 数据的处理流程示意图

本章我们将深入讲解模型训练中数据相关的话题。

5.1 数据接入的准备阶段

前文所说的"获取原始数据 → 数据清洗 → 离线预处理 → 数据加载和传输 → 完成模型训练"这一完整的数据处理流程，一般更适用于成熟的、需要扩大数据规模的训练项目。对于刚起步阶段的模型训练项目来说，快速跑通代码并完成正确性验证才是第一要务。这也正是我们接入完整数据处理流程之前，需要首先进行的准备工作。

一般在项目初始，我们以能将模型代码跑通作为第一目标，这时甚至可以不接入任何数据集，而只使用 torch.rand() 创建的随机张量来模拟输入，快速发现代码实现中的错漏之处。在模型跑起来后，下一步是需要验证模型的收敛性，这时我们才会面临接入数据集的问题。

收敛性的验证对数据规模要求较小：可能几千个数据样本就已经足够了，但是对数据质量的要求相对较高。一般建议从高质量数据集中抽取一个小规模的子数据集进行验证，这样模型会更加容易收敛。等到模型各方面得到充分验证之后，再考虑使用大量数据进一步训练。

在验证收敛性的阶段，使用公开数据集通常已经绰绰有余了。这里我们列举一些常见的公开数据集，如表5-1所示。

表5-1 常用的公开数据集

	数据集内容	数据集大小
MNIST	手写数字识别数据集，10个类别	60 000 个训练样本和 10 000 个测试样本
CIFAR10/CIFAR100	10 类和 100 类的 32×32 彩色图像数据集	60 000 个样本
ImageNet	大规模图像识别数据集，超过 1000 个类别	1 281 167 个训练样本，50 000 个验证样本，100 000 个测试样本
COCO	用于图像识别、分割和对象检测的大型数据集	328K 个样本
20 Newsgroups	新闻组文章的文本数据集	20 000 篇新闻文章，分为 20 个类别
IMDb Movie Reviews	电影评论的情感分析数据集	50 000 条影评，分为正面和负面两类
Wikipedia Corpus	用于自然语言处理的大型文本语料库	不断更新和增长，可达数 TB
Google Open Images Dataset	大规模图像数据集	约 900 万张图像，带有 6000 万个对象的标注

验证工作的核心目的是帮助我们确定要使用的模型结构和训练代码，并尽可能排除潜在的错误。在此基础上，我们才能开始接入正式的数据处理流程。

5.2 数据集的获取和预处理

通常，大多数模型训练首先从已经成熟的数据集开始，例如第5.1小节介绍的公开数据集或企业自有的内部数据集。一般在模型取得初步训练效果且结构相对稳定后，才会着手大规模地收集原始数据或对数据进行深入清洗，以此提升模型性能。值得注意的是，原始数据的收集、标注和数据集的详细清洗工作一般虽然独立于模型开发，但这些步骤对整个过程来说极其关键。

5.2.1 获取原始数据

数据质量对模型的性能及训练的收敛速度至关重要，因此获取高质量数据集一直是数据工程师不懈的努力目标。原始数据集主要来自两个来源：

（1）许多机构和研究组织提供的公开数据集，涵盖了广泛的领域，包括图像识别和自然语言处理等，例如ImageNet、COCO和Kaggle竞赛数据集。

（2）自主收集的数据，这可能包括企业内部的业务数据，通过开放的API接口获取的特定类型数据，或通过网络爬虫技术收集的社交媒体数据、政府和机构发布的报告数据等。

5.2.2 原始数据的清洗

深度学习本质上是从数据中提取信息的一门实验科学，因此掌握数据清洗和预处理的技术至关重要。人工智能、深度学习、数据科学相关的研究工作听起来十分高端大气上档次，但是当我们真正入门了之后就会发现，在解决实际问题的时候，辛辛苦苦推导的数学公式时常毫无用武之地，反复修改模型结构也未必能带来显著性差异。反倒是对数据集进行一次简单的清洗，能让模型质量上升一个台阶。

一个算法工程师必须具备的关键能力之一是对数据的敏感度：对于特定任务，能够判断数据集可能存在的问题，知道理想数据应呈现的形态，能组织高质量的数据集，并能验证数据的质量。这种对数据的敏感度通常需要通过实际经验积累，并且与特定任务和数据集紧密相关，高度依赖实际操作。因此，本小节将主要介绍一些通用的基本数据清洗技术。

原始数据的来源可以多种多样，既可以通过纯自动化脚本获取并处理，也可以通过实地采集数据辅以人工标注的方法得到数据集。比如著名的Laion-5B数据主要是基于网络爬取的图片、图片配文并进一步清洗得到；而一些无人车公司的目标检测数据集，则是通过车载摄像头收集实际路面数据，再经过数据标注团队处理得到的。

然而不管经由何种渠道得到的原始数据，其数据质量往往比较粗糙，会混杂着一些错误、无效或非典型的数据点。清洗这些脏数据的方法不一而足，与数据集的形式、面向的训练任务等息息相关，其具体的操作步骤和方法并没有一个统一的标准。所以这里我们重点讨论一些数据清理的思路。

既然是清理，那么首先应该认识一下原始数据为什么会"脏"。对于深度学习数据来说，我们可以将数据按照有无标签进行分类。

无标签的数据一般用于无监督学习，这类数据的问题往往出在部分数据自身质量较差。这里只列举一些常见情况：

- 图片/视频/图形类数据：低分辨率、高噪声、高曝光。
- 文本类数据：不符合自然语言，含有奇怪的符号、标点、特殊数值等。

有标签的数据则往往用于监督学习，在数据本身质量差的基础上，还会出现标签和数据对不上的问题，也就是所谓的"货不对版"，比如说图片的分类不正确，或者图片的描述不合适。除此以外，还有可能出现一对多的错误，比如同样的图片被贴上了相互冲突的描述等，如图5-2所示。

标签错误　　　　　　**描述错误**　　　　　　　　**描述冲突**

Table.png

"A brown bear"　　　　"A cute dog"

"A horrible corgi"

图5-2　常见的数据错误示例

如何对这些数据进行清理呢，一般来说人工清洗是不现实的，大部分数据清洗工作都依赖于脚本进行。为了写作这样的脚本，我们首先要做的是为脏数据划定一条明确的界限。比如对于图片类数据，只要满足下述任何一条则可以认定为脏数据：

- 分辨率低于某个阈值
- 有大量噪点
- 过度曝光
- …

接下来我们要细化每一条标准，也就是找到判断图片是否满足某个标准的方法。以图片数据为例，图片分辨率和长宽比都是很容易通过图片获得的信息，过度曝光可以通过图片的整体亮度来界定，但是检测图片是否有噪点就需要借助计算机视觉的算法或者预训练的模型来判断了。如果不想制定特别详细的标准，也可以通过大模型为数据进行打分。这种基于第三方模型进行数据清洗的方法，本质上是一种数据蒸馏，必须使用足够优质的预训练模型才能保证结果的准确性。

5.2.3　数据的离线预处理

数据清洗的目的主要是确保数据集的完整性和合理性，去除错误或不适合特定任务的数据点。但这不意味着此时的数据集可以直接用于模型训练。很多模型对于输入数据有严格的要求，比如要求特定的图片尺寸、要求数值归一化到[-1, 1]区间等。除此以外我们还需要对数据进行增强，比如对文本数据进行重写，对图片数据进行转置等操作来增加泛化能力。此时我们可以根据需要，对数据集进行进一步的离线预处理，从而改善数据的质量和结构，便于后续的数据分析和建模。一些常见的离线数据预处理步骤包括数值范围的标准化、数据编码、数据增强等。

数值范围的标准化一般对模型收敛速度有帮助。其具体方法有很多，如最小-最大归一化(min-max scaling) 或者缩放到正态分布的标准化(standardization) 。在实际情况中需要根据具体的数据特性甚至多次实验来决定最合适的标准化方法。最常用的最小-最大归一化方法是将所有特征值缩放到一个指定范围内，通常是[0, 1]。这种方法能够保持数据原有的分布的同时，将所有特征缩放到相同尺度，这对很多基于数值距离的算法是非常重要的一步。但需要注意的是，该方法对于异常值非常敏感，可能会导致其他正常值被压缩到一个很小的区间内，因此，在使用最小-最大归一化之前一定要确保数据中的异常值已经被处理。

最小-最大规范化的公式是 $x_{new} = \dfrac{x - x_{min}}{x_{max} - x_{min}}$

其中 x 是原始值，x_{min} 和 x_{max} 分别是该特征在数据集中的最小值和最大值，x_{new} 是规范化后的新值。

数据编码则是将非数值数据转换为数值格式的过程，数据集中的标签数据一般都需要经过数据编码才能输入到模型中。比如CIFAR-10数据集中，每张图片代表的物体类别，是以如 "Airplane" "Automobile" 等文字来描述的，这些文字显然不能直接转化为PyTorch张量作为模型输入，所以我们需要自行对这些文字类别进行编码，比如将"Airplane"编码为"0"，将"Automobile"编码为"1"等，对应的我们也要求图片分类模型输出的物体类别遵循我们既定的编码方式，所以如果模型推理出图片的类别为"1"，我们就会将其解读为"Automobile"的图片。

数据分布不均衡也是一个老生常谈的问题，即数据集中某些类别的样本数量远少于其他类别。这种不平衡有可能导致模型在训练过程中对占多数的类别过度拟合，而无法有效学习到少数类别的特征。一些基础的解决方法包括升降采样以及数据增强，数据增强通过对原始数据集应用一系列变换来创建额外的训练数据，从而提高模型的泛化能力和在实际应用中的鲁棒性。在图像处理中，数据增强的方法可能包括改变亮度、对比度、旋转图像、翻转图像、随机裁剪等。在文本处理中，数据增强可能包括同义词替换、句子重排等。除此以外，不同领域还有其独特的解决数据均衡性的方法，对此感兴趣的读者可以参考相应的论文进行优化。

在涉及超大规模数据的机器学习任务中，数据量往往非常庞大，这时我们可以考虑不直接读取庞大的原始数据进入模型，而是先进行一轮**特征提取**。不同业务领域的提取特征手段不尽相同，但本质上都是对原始数据的压缩和再加工。比如文字生成图片的Stable Diffusion模型，它会首先使用预训练的VAE编码模型，从512×512大小的原始图片中，提取出多通道64×64个特征，而后续的生成模型只使用这多通道64×64大小的特征张量作为输入。除此以外还有根据经验模型进行特征提取的手段，比如在推荐系统中，工程师会使用一些基于经验的数学模型，从原始数据中提取出若干特征标的，后续的深度学习模型则使用这些相对少量的特征标的作为输入。值得注意的是，虽然有效的特征提取能显著地提高模型的性能和准确性，减少训练所需的时间，但它是一个需要反复迭代和实验的过程。只有对数据和应用有深入的理解并反复通过实验验证，才能提取到有效的信息。

Python作为数据科学生态中最广泛使用的编程语言，提供了非常丰富的原生工具库。深度学习中数据的预处理方法很多都在这些工具库中有易用且高效的实现，对于用户来说了解并掌握这些工具对于提高数据离线预处理的效率非常有帮助。由于本书的重点更偏向于 PyTorch框架相关的高效使用，此处仅列出一些常用的数据处理工具，如图5-3所示，感兴趣的读者可以参考扩展阅读进一步了解。

- NumPy是Python的一个基础库，主要用于高性能的科学计算。它提供了一个强大的N维数组对象，用于存储和操作大型数据集。NumPy还包括许多高级数学函数和线性代数运算，是其他许多数据科学和机器学习库的基础。

- Pandas是一个数据处理和分析工具，非常适合处理结构化数据（如表格数据）。它提供了DataFrame和Series这两种数据结构，用于有效地存储和操作数据。Pandas支持数据的读取、写入、清洗、转换、聚合和可视化等多种操作。

- Matplotlib是一个用于创建静态、交互式和动态可视化的库。它广泛用于绘制图表、直方图、散点图等，是数据分析和机器学习中用于数据可视化的主要工具之一。

- Scikit-learn是Python生态中一个用于机器学习的库，提供了一系列监督和非监督学习算法。它还包括用于数据预处理、模型评估、模型选择和调优的工具。不过Scikit-learn本身是一个以CPU为主的机器学习库，它优化了很多算法在CPU上运行的效率，但并没有为GPU提供专门的支持。

- Pillow是一个图像处理库，是Python Imaging Library (PIL)的一个分支。Pillow提供了广泛的图像处理功能，包括图像读取、显示、保存、转换和操作。在机器学习中，尤其是在处理图像数据时，Pillow是一个非常有用的工具。

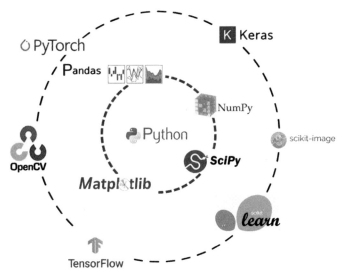

图5-3　Python生态圈拥有强大的数据科学研究的工具[1]

5.2.4　数据的存储

经历了原始数据的获取和标注，进一步的数据清洗，以及离线预处理后，我们就得到了一个适合用于深度学习训练的数据集。那么这样的数据集要以什么形式存储到硬盘上，文件目录又该如何组织呢？这一小节中，让我们以一个知名的公开数据集CIFAR-10[2]为例，讲解数据集的组成、结构以及数据的具体存储方式。

从网络[3]上下载并解压缩CIFAR-10数据集的原始数据后，我们可以观察到其文件目录结构如下所示：

```
1  cifar-10-raw-images
2  |- images
3     |- train
4        |- Airplane
5           |- aeroplane_s_000004.png
6           |- ...
7        |- Automobile
8        |- Bird
9        |- ...
10
```

一般来说，一个数据集由三种类型的数据组成：

● 核心数据：比如图片、视频、音频、文本等，根据数据集面向的训练任务而定。

● 数据标签或其他补充信息（可选）：比如图片分类数据中，每张图片对应的类别

---

1 https://www.alpha-quantum.com/blog/machine-learning-python/machine-learning-with-python/

2 cs.toronto.edu/~kriz/cifar.html

3 https://figshare.com/s/0c1dfc3be66eb622cf85

标签：比如图片-文字数据集中每个图片对应的文字描述。

● 数据集信息：比如数据集的版本、原始数据来源、预处理方法、参数等。

大部分深度学习领域的数据集都有其面向的训练任务，**核心数据**往往与数据集面向的训练任务息息相关。比如CIFAR-10是主要面向图片分类任务的数据集，所以其核心数据是不同物体的图片，比如aeroplane_s_000004.png。

根据训练任务的需求，有一些数据集还有对**核心数据的描述信息**作为补充。比如CIFAR-10中每个图片都有对应的类别标签，但因为CIFAR-10的类别较少，所以数据标签是直接通过文件夹名字表示的。而在其他数据集中，数据描述文件则可以多种多样，比如Laion-5B数据集中每张图片对应的描述是一段对图片的文字描述（image caption），而一些三维图形数据集中，数据描述则还可能包括相机位置等视角相关的参数。一般来说数据描述文件以文本形式存储，具体格式可能是JSON、CSV、TXT等。

核心数据和数据标签一般会转化为训练任务的输入送到模型中，而数据集的描述则可能并不参与模型训练的过程。一般来说**数据集的描述**可能包括原始数据的来源、收集方法、标注方法以及数据处理的算法和参数等，有些数据集还包括一些额外的统计信息，比如数据聚类相关的指标、数据质量相关的指标等。这些信息往往用于对数据集的进一步清洗或者筛选。

在实际应用中，我们常常会碰到各种复杂的**数据格式**。这些格式大多是为了优化数据的可读性、存储和读取效率的某些方面而专门设计的。例如，npy或npz格式是专为NumPy数组数据设计的压缩格式；Parquet格式则是一种列式存储格式，以其出色的读写性能和高压缩比而闻名，非常适合处理大量数据；而bin格式通常指自定义的二进制压缩格式，解析这类格式时通常需要配合特定的代码或附加的描述文件。表5-3列出了一些常见的数据集文件格式及其特性。

表5-3　不同数据格式的对比

	CSV	JSON	npy	Parquet
数据格式	行式数据	嵌套数据	数组数据	列式数据
存储形式	文本	文本	二进制	二进制
可读性	高	高	低	低
存储空间效率	低	低	高	高
读取性能	低	低	高	高
空间更友好的压缩格式	如Apache Avro等	TFRecord	npz	N/A
适用范围	建议单文件小于GB级别的数据	建议单文件小于GB级别的数据	支持向量化磁盘读写，适用于大型文件，需要足够的内存	存储在分布式数据库的大规模数据

5.2.5　PyTorch与第三方库的交互

由于其庞大的数据量，数据集一般存储在本地或服务器的硬盘上，这也是数据读取的起点。我们往往使用现成的Python库将数据从硬盘读入程序中，此时数据被我们加载到了内存。比如图片类文件可以通过PIL库读取，序列化文件则可能通过json等相应的库函数读取。这样我们就完成了数据读取的第一步，即将数据从硬盘读入到内存的过程。

此时读入内存的数据通常以第三方库数据类型如NumPy ndarray或PIL Image形式存在，PyTorch无法直接解析这些类型。以NumPy为例，它为 Python 提供了易用的多维数组对象NumPy ndarray以及一系列操作数组的函数和工具，但可惜的是它只支持CPU。因此PyTorch 在诞生之初的目标之一就是做GPU上的高性能"NumPy"，希望利用GPU高效的并行处理能力提升科学计算的处理速度和规模。

所有数据，无论是第三方库的还是Python原生的，都必须转化为张量后才能用于训练。PyTorch为了便于使用NumPy数据，特别提供了将NumPy ndarray转换为张量的接口。对于其他无直接接口的库如Pandas等，建议先转换为NumPy ndarray再导入到PyTorch。

PyTorch为NumPy提供了from_numpy接口，用于将一个numpy.ndarray转化为CPU 后端的torch.Tensor，如下所示，从打印结果可以看出，变量y被成功导入成PyTorch中的张量数据。

```
 1 import numpy as np
 2 import torch
 3
 4 x = np.zeros((3, 3))
 5 y = torch.from_numpy(x)
 6
 7 print(y, type(y))
 8
 9 # tensor([[0., 0., 0.],
10 #         [0., 0., 0.],
11 #         [0., 0., 0.]], dtype=torch.float64) <class 'torch.Tensor'>
12
```

然而细心的读者可能会提出一个问题，from_numpy读取出来的张量，其数据依然存放在原来np.ndarray内存中吗，还是被复制到了新的内存区域中？

这个问题通常需要查阅PyTorch接口文档来明确接口的具体行为。对于示例中的from_numpy调用，其返回的PyTorch张量内存地址与原先的numpy.ndarray完全相同，也就是说没有做额外的数据复制操作。从性能角度来说，避免数据复制自然是最为高效的做法，然而这样的内存复用也可能造成意外的数据更改，在使用时需要特别小心。

当PyTorch无法复用原始numpy.ndarray的内存时，from_numpy会报错。例如，下面的代码示例中，数组y的stride包含负数，而目前PyTorch不支持具有负数stride的张量。在这种情况下，用户可以通过调用numpy.ndarray.copy()手动创建一个副本，但这会失去内存复用带来的性能优势。

```
1  import numpy as np
2  import torch
3
4  x = np.random.random(size=(4, 4, 2))
5  y = np.flip(x, axis=0)
6
7  # 报错
8  # ValueError: At least one stride in the given numpy array is negative,
9  # and tensors with negative strides are not currently supported.
10 # (You can probably work around this by making a copy of your array  with
   array.copy().)
11 torch.from_numpy(y)
12
13 # 创建副本后能够正常运行
14 torch.from_numpy(y.copy())
15
```

目前为止，我们完成了从硬盘读取数据并导入为PyTorch张量的过程。

5.3 数据集的加载和使用

5.2小节简单介绍了获取原始数据、进行数据清理和数据预处理的方法，也讲解了数据从硬盘加载到PyTorch张量中的过程。我们当然可以沿用类似的思路来完成数据的加载，比如使用json、 csv等库函数读取标签信息，使用PIL等库来加载图片数据，最后再使用如 tensor.from_numpy()等接口将数据转化为张量数据送入模型中。这样串行的数据加载方法在进行模型的初步验证时自然是可行的。然而在进行大规模训练的时候，串行的数据加载和预处理就会显著阻塞模型运算，严重影响训练效率。因此本章将重点讲解如何高效地加载和使用预处理好的数据。

为了优化数据加载过程，需要增加对数据预处理的支持——在模型进行GPU运算的同时，CPU能异步准备好一下轮的训练数据。同时也希望能增加对数据的并行读取，从而增加数据读取的吞吐量。幸运的是，PyTorch已经提供了Dataset类和Dataloader类来支持上述数据加载过程的优化。

对于一个PyTorch训练任务，我们通常会创建一个Dataset类的实例，定义如何从硬盘读取数据集，然后通过Dataloader类迭代地加载Dataset中的数据。简单来讲，Dataset描述了读取单个数据的方法以及必要的预处理，输出的是单个张量。DataLoader则定义了批量读取数据的方法，包括BatchSize、预读取、多进程读取等，输出的结果是一批张量。这种设计模式使得数据的处理（由Dataset管理）与数据的批量迭代加载（由DataLoader管理）解耦，变得既灵活又高效。本小节将依次讲解Dataset和Dataloader类的使用方法，以及如何实现高效的数据加载和传输。

在PyTorch中，Dataset类和DataLoader类是数据处理流水线中的两个核心组件。它们分别负责不同的功能，Dataset类定义了如何获取单个数据点，输出的是单个数据张量。而DataLoader类则负责通过特定的采样方式和执行顺序从Dataset中加载数据，输出批次数据给模型进行训练。DataLoader还内置了多进程加载和预读取功能，在模型进行GPU运算的同时，CPU能异步准备好下一轮的训练数据。结合对数据的并行预读取，确保GPU时刻有数据可用。

这种设计模式使得单个数据的加载到内存以及预处理（由Dataset管理）和数据的迭代加载（由DataLoader管理）解耦，既灵活又高效。本小节我们将讲解如何结合使用这两种组件，从而高效地为模型训练提供数据。

图5-4　Dataset和DataLoader在数据加载过程中的作用

5.3.1　PyTorch 的 Dataset 封装

在 PyTorch 中，Dataset类是一个抽象类，用于描述数据集的内容和结构。Dataset类为加载和处理数据提供了一个统一的接口，可以自定义如何加载数据和处理数据。PyTorch 框架提供了两种类型的数据集抽象：映射式数据集(map style dataset) 和迭代式数据集 (iterable style dataset)，它们在数据的访问和适用场景上有所不同。

表5-4　PyTorch支持的映射式和迭代式数据集各自特点和应用场景

	映射式数据集 (torch.utils.data.Dataset)	迭代式数据集 (torch.utils.data.IterableDataset)
实例中需要自定义的方法	_ _getitem_ _(self, index)：接收一个索引（index），并返回数据集中对应索引的数据项 _ _len_ _(self)：返回数据集中的数据项总数	_ _iter_ _(self): 定义如何迭代地读取文件
访问	支持随机访问，可以通过索引访问任何数据项	不支持随机或通过索引访问，只能通过迭代来遍历数据集
适用场景	当所有的数据都可以被加载到内存中，或者当每个样本可以独立地从文件系统或其他资源中检索时，映射式数据集特别有用	当数据集太大而不能被全部加载到内存中，或者数据以流的形式来自网络或实时生成时，使用迭代式数据集较为合适
示例	CIFAR-10、MNIST等小数据集	大型文本文件（如大型日志文件）或实时数据流（如实时股票行情）

两种类型的Dataset 类都需要实现基本的构造函数＿_init_＿(self,…)，这个函数在Dataset实例创建的时候会被调用。在这个方法中，通常会初始化数据集的相关参数，如文件路径、数据转换方法等，也是进行数据预处理（如读取文件、数据清洗）的地方。

PyTorch已经为许多常用的数据集提供了预实现的Dataset 类，大大简化了常见数据集的加载和处理过程。这些类通常位于PyTorch的特定领域的库中，如图片数据集的定义在torchvision.datasets模块中，代码如下。

```
 1 import torchvision.datasets as datasets
 2 import torchvision.transforms as transforms
 3
 4 transform = transforms.Compose([transforms.ToTensor()])
 5
 6 train_dataset = datasets.CIFAR10(
 7     root="./data", train=True, download=True, transform=transform
 8 )
 9 test_dataset = datasets.CIFAR10(
10     root="./data", train=False, download=True, transform=transform
11 )
12
```

这些预实现的Dataset类大幅简化了数据加载过程，使得我们可以更专注于构建和训练模型，而不是花费大量时间重复很多人都处理过的数据。

当然如果使用的是自己收集的数据集就没有现成的Dataset类可用了，不过PyTorch的Dataset抽象非常简洁，自定义的方法其实也非常简单。在5.2.4小节中，我们下载了CIFAR-10数据集，并简单介绍了其组成结构。现在让我们继续以CIFAR-10数据集为例，讲解如何通过自定义Dataset类来加载其数据。

首先需要定义一个继承自Dataset类的CifarDataset。然后为CifarDataset实现下面三个方法：

- __init__方法：构造指向每个数据路径的列表，比如在上例中我们构造了"图片路径-标签"的列表。我们没有直接读取图片，这是防止内存被过多数据挤爆。
- __len__方法：返回数据集中的样本数。
- __getitem__方法：根据索引读取图片数据，并将数据转换为 PyTorch 张量。

具体方法的定义可以参考下面的CifarDataset类，它同时提供了一种遍历数据的样例代码。

```
 1 import os
 2 import numpy as np
 3 import torch
 4 from torch.utils.data import Dataset
 5 from PIL import Image
 6
 7
 8 class CifarDataset(Dataset):
 9     label_encoder_ = {
10         "Airplane": 0,
```

```
11            "Automobile": 1,
12            "Bird": 2,
13            "Cat": 3,
14            "Deer": 4,
15            "Dog": 5,
16            "Frog": 6,
17            "Horse": 7,
18            "Ship": 8,
19            "Truck": 9,
20        }
21
22    def __init__(self, root_folder):
23        self.image_label_pairs = []
24        # construct list of: (image_path, label)
25        train_foldername = "images/train"
26        train_path = os.path.join(root_folder, train_foldername)
27        class_folders = os.listdir(train_path)
28        for class_name in class_folders:
29            class_folder_path = os.path.join(train_path, class_name)
30            image_names = os.listdir(class_folder_path)
31            for image_name in image_names:
32                image_path = os.path.join(class_folder_path, image_name)
33                label = self.encode_label(class_name)
34                self.image_label_pairs.append((image_path, label))
35
36    def __len__(self):
37        return len(self.image_label_pairs)
38
39    def __getitem__(self, idx):
40        image_path, label = self.image_label_pairs[idx]
41
42        img = Image.open(image_path)
43        img_array = np.array(img)
44        img_tensor = torch.tensor(img_array)
45        return img_tensor, label
46
47    def encode_label(self, label_str):
48        assert isinstance(label_str, str)
49        return CifarDataset.label_encoder_[label_str]
50
51
52 if __name__ == "__main__":
53     dataset = CifarDataset("/home/ailing/Downloads/cifar10-raw-images/")
54     for i in range(len(dataset)):
55         img_data, label = dataset[i]
56         print("image: ", img_data.shape, "label: ", label)
57
```

5.3.2　PyTorch 的 DataLoader 封装

我们注意到上面的Dataset类定义的是单个索引到数据的映射，而Dataloader类则定义了如何加载一个批次的数据，并提供了一种高效灵活的实现来加载数据集。与模型训练相关的数据加载操作，如对数据集进行采样并批量加载数据、使用多个子进程来并行加载数据等都在Dataloader类中有良好的实现和封装。

接着5.3.1小节中定义的CifarDataset数据集，继续定义一个DataLoader实例：

```
1 if __name__ == "__main__":
2    dataset = CifarDataset("path/to/cifar-10")
3
4    dataloader = DataLoader(
5        dataset, batch_size=4, shuffle=True, drop_last=True, num_workers=0
6    )
7    for i, batch in enumerate(dataloader):
8        img_data, label = batch
9        print("image: ", img_data.shape, "label: ", label)
10
```

其中几个关键的参数及其含义如下：

- batch_size：指定每个批次中的样本数量。
- shuffle：是sampler参数的"快捷键"。shuffle=False相当于顺序采样，即sampler= SequentialSampler；而shuffle=True相当于随机采样即sampler=RandomSampler。如果需要自定义更为复杂的采样策略，用户也可以实现一个Sampler类，并指定 Dataloader的sampler参数。
- num_workers：加载数据时使用的子进程数量。
- drop_last：当数据集中的样本数量不能被batch_size整除时，是否忽略最后一个不完整的批次。

从打印出的结果看到，DataLoader按照设置的batch_size每批加载4张图片（每张是32×32大小的图片，每个像素有3个通道）及其对应的标签。

```
1 image:  torch.Size([4, 32, 32, 3]) label:  tensor([8, 8, 0, 3])
2
```

5.4 数据加载性能分析

有一定模型训练和优化经验的读者可能都遇到过类似的问题：训练的一个循环用时共计5s，其中模型的前向和反向加起来只用了不到1s，剩下的时间都被一个叫作数据加载的黑洞吃掉了。虽然乍一听很离谱，但在实际操作中却非常常见。我们"省吃俭用"买了最高级的GPU，但却发现程序的性能不是被GPU的性能所限制，而是受限于给GPU喂数据的速度。这就像一把本应连发的冲锋枪，却配上了弹容量只有一发的弹夹，导致换弹的时间远远长于火力输出的时间。

现代的深度学习任务常常需要处理非常庞大的数据集，但是将这些大规模数据集加载到内存十分耗时。而且考虑到相对有限的内存大小，这些数据通常不能全部预先加载到内存中，而只能在需要的时候临时从硬盘加载到内存，且每轮训练完成后立刻卸载释放内存空间。从硬盘中读取数据的效率要远远低于CPU的计算速度，当然就更不能和GPU的计算速度相比了，因此，低效的数据读取经常成为训练过程的瓶颈，导致高效的计算资源因数据加载而处于等待状态。图5-5就是一个典型的数据部分是性能瓶颈的例子，其特征主要有两个：

- GPU有空闲
- GPU的空闲时间明显与数据的加载和处理部分重合

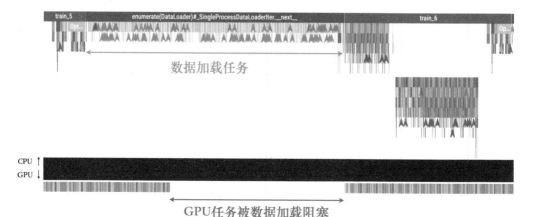

图5-5　性能瓶颈定位到数据加载部分的示例

首先需要明确数据部分的性能优化目标是保持GPU持续工作，避免因数据等待导致GPU空闲。GPU空闲可能由多种因素引起，如从硬盘读取数据到内存的延时、CPU预处理时间过长，或是数据从CPU传输到GPU的速度慢等。特别需要注意以下几点：

（1）数据加载的主要目的是确保GPU的连续运行，具体GPU在运行什么任务及其执行效率暂不在本章讨论范围内。

（2）我们当前专注于优化数据加载过程，而有关数据传输对GPU空闲的影响将在第6章详细讨论。

（3）只需优化到确保GPU运行不被阻塞。在GPU任务已经排队的情况下，过度提交任务不仅不会提升GPU的运行速度，还可能因CPU资源争夺而引起性能下降。

本节更多的是分析数据加载性能瓶颈的来源和思路，而具体的优化方法则留到第6章中统一进行讲解。

5.4.1　充分利用CPU的多核资源

在进行任何分析之前，首先要观察性能图像，判断性能瓶颈是否出现在数据加载阶段。判断性能瓶颈的方法可以参考 4.3.4 小节的介绍。如果我们观察到类似图 5-5 所示的性能问题，并能将瓶颈定位到数据加载阶段，那么首先可以尝试的方法是打开 htop，查看 CPU 的活动状态。这时我们可能会观察到程序占满一个 CPU 计算核心（即 CPU 使用率达到 100%），而其他核心却处于闲置状态，出现了如图5-6所示"1 核工作，多核围观"的现象。

只有一个CPU核心在工作

图5-6　htop中监测到CPU只有单核心在工作，其余核心处于闲置状态

这时我们的优化思路应当是尝试开启多进程并行。在模型训练中，PyTorch 的 DataLoader 可以通过 num_workers 和 prefetch_factor 参数来调整子进程的数量，从而更好地利用多核 CPU 资源。默认情况下，num_workers 的值为 0，意味着不创建任何子进程，所有数据加载工作都在主进程中执行，这正是导致上述单核心工作的原因。通过使用多个CPU进程并行加载数据，让每个子进程负责加载一个数据样本，可以显著提高CPU的处理速度。但需要注意的是，子进程过多可能导致内存占用过多、I/O 阻塞等副作用。因此，最优的 num_workers 值需要根据硬盘和CPU的负载情况来调整。

5.4.2　优化CPU上的计算负载

在开启多进程优化之后，如果发现 GPU 仍在等待数据，且 CPU 上的数据加载和处理时间过长，特别是 htop 中 CPU 核心都达到如图5-7所示的满载状态，这说明在 CPU 上进行的数据预处理和转换的计算量过重。不过这并非没有优化空间，如果程序对 CPU 性能的利用不充分，也可能导致这种看起来很忙但实际还有余力的现象。这种情况在第三方库的实现中其实很常见。

图5-7　在htop中观察到CPU计算负载过重

以上文提到的 Pillow 库为例。Pillow 的实现对 CPU 使用效率较低，而 Pillow-SIMD 则利用了 CPU 指令集中的 SIMD（Single Instruction Multiple Data, 单指令多数据）指令（如 SSE4 或 AVX2）来加速图像处理，在图像缩放、过滤和色彩空间转换等操作上可以比标准的 Pillow 库快几倍。以下是一个简单的图像缩放示例，读者可以自行安装 Pillow 和 Pillow-SIMD 分别测试它们的速度。性能数据可能因硬件和系统环境而异，笔者在一

台 16 核 Intel 11 代 i7 处理器上观察到约 15% 的加速。

```
 1 from PIL import Image
 2 import time
 3
 4
 5 def resize_image(image_path, output_size):
 6     with Image.open(image_path) as img:
 7         img = img.resize(output_size)
 8         img.save("output.png")
 9
10
11 image_path = "example.png"
12 output_size = (4096, 4096)  # 新的尺寸
13
14 # 开始计时
15 start_time = time.time()
16
17 # 执行图像缩放
18 resize_image(image_path, output_size)
19
20 # 计算耗时
21 duration = time.time() - start_time
22 print(f"Time taken: {duration} seconds")
23
```

除了寻找更高效的第三方处理库，我们也可以将计算密集型的数据处理转成离线预处理，把转换后的数据存储在硬盘上备用。如果有一些确实无法预先进行处理的操作，可以考虑将该操作从CPU移至计算能力更强大的GPU进行。

5.4.3 减少不必要的CPU线程

需要额外注意的是，NumPy等工具如果使用不当也会造成不必要的CPU过载。这主要是因为NumPy等加速库为了追求极致的性能，在底层使用了大量多线程CPU资源。NumPy的底层实现中，使用了BLAS和LAPACK等第三方库来加速向量、矩阵和线性代数相关的操作，但是 BLAS和LAPACK的很多函数，如矩阵乘法、奇异值分解（Singular Value Decomposition, SVD）的实现默认是多线程并行的，相当于将大量CPU资源集中在自己身上，这时CPU想要并行执行其他任务，就难免力有未逮。感兴趣的读者可以自行尝试一下，在配有多核CPU的机器上运行，如下代码：

```
 1 import numpy as np
 2 import pdb
 3
 4 pdb.set_trace()
 5
```

观察 htop 中对应的Python进程，就会发现NumPy 其实偷偷地创建了与CPU核数相等（此处笔者的CPU是Intel的16核11代i7）的线程，方便后续的计算，如图5-8所示。

```
13180 ailing      20   0  672M 31760 14848 S   0.0  0.1  0:01.65 python test.py
13182 ailing      20   0  672M 31760 14848 S   0.0  0.1  0:00.10 python test.py
13183 ailing      20   0  672M 31760 14848 S   0.0  0.1  0:00.10 python test.py
13184 ailing      20   0  672M 31760 14848 S   0.0  0.1  0:00.10 python test.py
13185 ailing      20   0  672M 31760 14848 S   0.0  0.1  0:00.10 python test.py
13186 ailing      20   0  672M 31760 14848 S   0.0  0.1  0:00.10 python test.py
13187 ailing      20   0  672M 31760 14848 S   0.0  0.1  0:00.10 python test.py
13188 ailing      20   0  672M 31760 14848 S   0.0  0.1  0:00.09 python test.py
13189 ailing      20   0  672M 31760 14848 S   0.0  0.1  0:00.10 python test.py
13190 ailing      20   0  672M 31760 14848 S   0.0  0.1  0:00.10 python test.py
13191 ailing      20   0  672M 31760 14848 S   0.0  0.1  0:00.10 python test.py
13192 ailing      20   0  672M 31760 14848 S   0.0  0.1  0:00.10 python test.py
13193 ailing      20   0  672M 31760 14848 S   0.0  0.1  0:00.09 python test.py
13194 ailing      20   0  672M 31760 14848 S   0.0  0.1  0:00.10 python test.py
13195 ailing      20   0  672M 31760 14848 S   0.0  0.1  0:00.10 python test.py
13196 ailing      20   0  672M 31760 14848 S   0.0  0.1  0:00.07 python test.py
```

图5-8　NumPy默认启动了多线程进行运算

如前所述，这样的操作虽然对于NumPy程序的性能是有益的，但是挤占了其他进程的计算资源。一种常见情况是NumPy与PyTorch DataLoader的数据加载进程发生冲突。DataLoader 使用多个进程加载数据，每个数据加载进程在 import numpy 的时候都会为NumPy独立地创建N（N = CPU核数）个线程，过多的CPU线程会导致内存使用增加、不必要的上下文切换开销和资源的争用，从而降低程序的执行效率。因此我们建议使用NumPy进行预处理的读者适当地限制NumPy的线程数量，这可以通过设置环境变量来实现，但请注意该操作一定要在import numpy之前，代码如下：

```python
from os import environ

# 控制NumPy底层库创建的线程数量
N_THREADS = "4"
environ["OMP_NUM_THREADS"] = N_THREADS
environ["OPENBLAS_NUM_THREADS"] = N_THREADS
environ["MKL_NUM_THREADS"] = N_THREADS
environ["VECLIB_MAXIMUM_THREADS"] = N_THREADS
environ["NUMEXPR_NUM_THREADS"] = N_THREADS

import numpy as np

import pdb

pdb.set_trace()
x = np.zeros((1024, 1024))
```

再次观察 htop的状态，我们可以确认 NumPy 线程的数量已经被减少到4个，如图5-9所示。

```
18870 ailing      20   0  192M 31860 14976 S   0.0  0.1  0:00.37 python test.py
18871 ailing      20   0  192M 31860 14976 S   0.0  0.1  0:00.10 python test.py
18872 ailing      20   0  192M 31860 14976 S   0.0  0.1  0:00.10 python test.py
18873 ailing      20   0  192M 31860 14976 S   0.0  0.1  0:00.10 python test.py
```

图5-9　设置环境变量后在htop中观察到NumPy线程减少到4个

5.4.4　提升磁盘效率

CPU过载还有一种可能是其本身的计算负载并不高，但是由于需要大量的磁盘I/O导致CPU也被卡住了。如果在htop中进程的状态显示为"D"，这表示它处于"不可中断的睡眠状态"（uninterruptible sleep）。这通常与进行某些类型的系统调用有关，如等待I/O操作（硬盘读写、网络通信等）的完成。在训练过程中这很大可能是由于磁盘的读写达到了瓶颈，用户可以运行iostat工具来检测磁盘的I/O负载：

```
1  iostat -xtck 2
2
```

如图5-10所示，使用iostat工具可以观测到iowait 值占比很高，这意味着CPU在大量时间里并没有进行计算或执行程序代码，而是在等待I/O请求（如从硬盘读取或写入数据）完成。这通常表明存储设备成为系统性能的瓶颈。在出现这种情况时我们可以考虑以下思路来缓解：

（1）用内存来换取显著提高的数据加载速度：例如使用mmap将文件的一部分直接映射到内存中，然后通过指针访问文件中的数据，而无须显式的I/O操作。这减少了I/O操作的开销，提高了数据访问速度。特别是在随机访问文件的不同部分时，mmap表现出色。当然在内存容量允许的情况下甚至可以考虑使用内存盘（RAMDisk）技术，使用RAM来虚拟磁盘，用内存来换取显著提高的数据加载速度。

（2）优化硬盘的读写模式：在2.2小节中，我们介绍了硬盘的两种读写模式，其中连续读写模式的性能远超随机读写模式。因此，我们可以通过将离散数据合并到少量的二进制文件或TFRecord中，将随机读写转化为连续读写，从而成倍地提高读写效率。

（3）更换更快的SSD硬件：如NVMe SSD等。

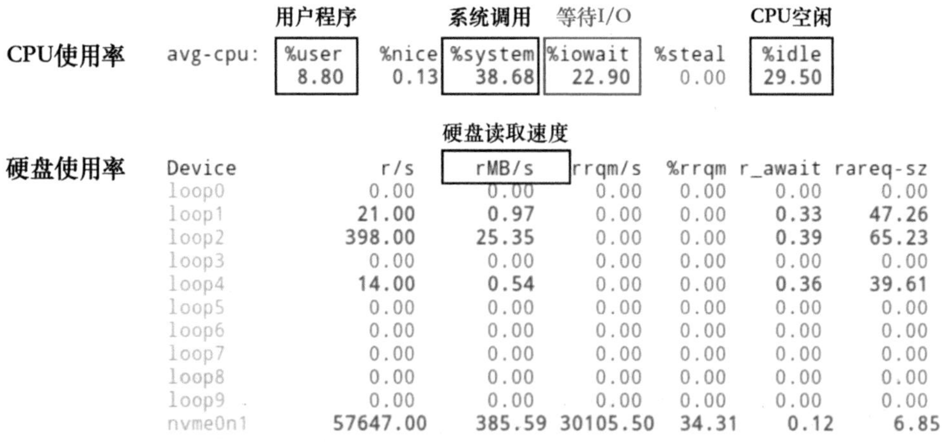

		用户程序		系统调用	等待I/O			CPU空闲	
CPU使用率	avg-cpu:	%user 8.80	%nice 0.13	%system 38.68	%iowait 22.90	%steal 0.00		%idle 29.50	

				硬盘读取速度					
硬盘使用率	Device	r/s	rMB/s	rrqm/s	%rrqm	r_await	rareq-sz
	loop0	0.00	0.00	0.00	0.00	0.00	0.00
	loop1	21.00	0.97	0.00	0.00	0.33	47.26
	loop2	398.00	25.35	0.00	0.00	0.39	65.23
	loop3	0.00	0.00	0.00	0.00	0.00	0.00
	loop4	14.00	0.54	0.00	0.00	0.36	39.61
	loop5	0.00	0.00	0.00	0.00	0.00	0.00
	loop6	0.00	0.00	0.00	0.00	0.00	0.00
	loop7	0.00	0.00	0.00	0.00	0.00	0.00
	loop8	0.00	0.00	0.00	0.00	0.00	0.00
	loop9	0.00	0.00	0.00	0.00	0.00	0.00
	nvme0n1	57647.00	385.59	30105.50	34.31	0.12	6.85

图5-10　在iostat中观测到CPU的iowait占比很高，磁盘读取负载较高

5.5 本章小结

在图5-1的基础上，本章讲解了数据从磁盘到显存的加载和处理流程，并将可能出现的性能问题和解决思路总结在图5-11中。需要强调的是，由于影响程序性能的因素众多，读者需要灵活运用PyTorch性能图像，并结合如htop和iostat等CPU工具，来分析实际训练过程中的瓶颈点。首先应确认数据加载是否是训练的瓶颈之一，然后再定位导致数据加载时间过长的具体原因。此外，本章仅讨论了从磁盘到内存过程中可能发生的性能问题，关于提升数据从CPU到GPU传输速度的优化方法将留到6.1节中深入讲解。

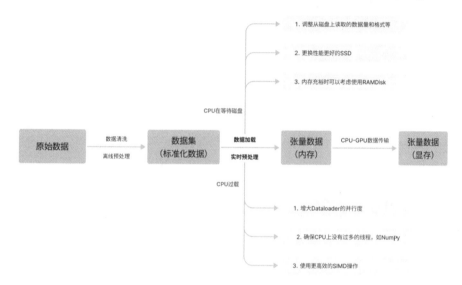

图5-11 常见的数据加载性能问题和解决方法

单卡性能优化专题

本章将详细探讨在单个GPU环境下性能优化的原理和实践方法。对于大多数个人开发者来说，项目初期通常会使用单卡GPU进行各方面的验证，之后随着模型和数据集规模的扩大再逐渐加入更多的GPU卡。性能优化的思路也是相同的，我们一般优先确保单张GPU的性能达到最优，然后再优化多个GPU联用时的性能。这种方法可以帮助我们更高效地利用宝贵的GPU资源。

相较于具体优化技巧的实现，我们更希望读者能从本章认识到性能优化是一项实践性极强的工作，它要求我们通过解读性能分析数据并反复进行实验，从而理解"为什么会出现性能瓶颈"以及"为什么这样做可以对性能有帮助"。从这一章开始，读者会发现许多性能和显存优化方法并非放之四海皆准，它们可能在某些模型上效果显著，在其他应用中却适得其反。虽然我们会在介绍每种优化技巧时提供示例以及性能分析结果，但这些技巧的效果高度依赖于具体应用场景，因此本书鼓励读者专注于学习普适的性能分析思路，以便了解本章提到的各种优化方法背后的原理和适用场景，并能够灵活地运用它们，以达到最佳实践效果。盲目地、不加分析地使用优化技巧是性能优化的常见误区之一。

本章将从程序性能的整体画像入手，分析导致常见问题的根源，并提供针对性的优化策略。在单卡GPU训练环境中，性能问题主要分为四类：

- GPU被阻塞：这是由于数据预处理或传输任务等前置依赖未完成，导致GPU计算资源空闲等待的情况。

- GPU运行效率不高：这通常是因为GPU上的计算任务设计得不够好，未能充分发挥硬件的计算能力。

- 不必要的GPU与CPU间同步：GPU与CPU之间的同步是一个极其费时的操作，用户有时会在无意中频繁使用同步操作，进而严重降低性能。

- 程序的其他附加开销：包括Python端的调度开销、张量的创建和拷贝等操作。

因此要提升单卡GPU的性能主要分两步：首先是让GPU跑起来，尽量减少GPU空闲的时间；接下来是让GPU跑得更快，也就是充分利用硬件的并行能力来实现加速。本章后续的小节，将依次讲解如何定位这些问题、分析它们出现的原因并且提供优化的样例。

特别需要注意的是，本章会大量使用PyTorch性能分析器打印的性能图像作为参考，对于性能图像不甚熟悉的读者朋友，建议首先参考4.3节的内容。

6.1 提高数据任务的并行度

在深度学习训练过程中，CPU的角色通常是执行基本的数据预处理工作，而GPU主要承担大量计算密集的任务。此外，大多数GPU中还配备有独立的硬件设施，即直接内存访问引擎（direct memory access engine），这个设备负责在内存和GPU的显存之间进行数据的传输。

每批数据的处理过程就像一条流水线：先在CPU上预处理，接着传输到GPU，最后在GPU上进行计算。为了让整个训练过程足够高效，我们需要让GPU始终保持忙碌状态，这就要求前面的CPU预处理和数据传输够快、够高效，简单来说：

- CPU的预处理要足够快，能够及时给GPU提交计算任务，确保GPU上有大量计算任务在排队，始终有活可以干。
- GPU任务需要的数据总能够在它开始执行前就传输到显存。这样可以尽量减少GPU的空闲时间，让其始终保持在计算状态。

因为这两个步骤都与数据相关，本节将重点介绍如何通过提高并行处理的程度来提高它们的计算性能。

6.1.1 增加数据预处理的并行度

此前在第5章数据集的加载和处理中介绍过数据加载的三个阶段：硬盘加载到CPU、CPU数据预处理、CPU到GPU的数据传输，并简单分析了数据加载和处理的常见性能问题。然而纸上得来终觉浅，这里从一个实际的训练样例出发进行更深入的分析。首先定义基础模型和训练代码，加载Cifar-10数据集并将图片大小转化为512×512，然后送入模型进行训练：

```
1  import torch
2  from torch import nn
3  from torch.profiler import profile, ProfilerActivity
4  import torchvision.transforms as transforms
5  from torchvision.datasets import CIFAR10
6  from torch.utils.data import DataLoader
7
8
9  class SimpleNet(nn.Module):
10     def __init__(self):
11         super(SimpleNet, self).__init__()
12         self.fc1 = nn.Linear(512, 10000)
13         self.fc2 = nn.Linear(10000, 1000)
14         self.fc3 = nn.Linear(1000, 10)
15
16     def forward(self, x):
17         out = self.fc1(x)
18         out = self.fc2(out)
```

```
19          out = self.fc3(out)
20          return out
21
22
23  assert torch.cuda.is_available()
24  device = torch.device("cuda")
25  model = SimpleNet().to(device)
26  optimizer = torch.optim.SGD(model.parameters(), lr=0.01)
27
28
29  def train(model, optimizer, trainloader, num_iters):
30      with profile(activities=[ProfilerActivity.CPU, ProfilerActivity.CUDA]) as
    prof:
31          for i, batch in enumerate(trainloader, 0):
32              if i >= num_iters:
33                  break
34              data = batch[0].cuda()
35
36              # 前向
37              optimizer.zero_grad()
38              output = model(data)
39              loss = output.sum()
40
41              # 反向
42              loss.backward()
43              optimizer.step()
44
      prof.export_chrome_trace(f"traces/PROF_workers_{trainloader.num_workers}.json")
45
46
47  num_workers = 0
48  transform = transforms.Compose(
49      [transforms.ToTensor(), transforms.Resize([512, 512])]
50  )
51  trainset = CIFAR10(root="./data", train=True, download=True,
    transform=transform)
52  trainloader = DataLoader(trainset, batch_size=32, num_workers=num_workers)
53
54  train(model, optimizer, trainloader, num_iters=20)
55
```

　　这一段看似平平无奇的训练代码，其实有很大的性能问题，让我们进一步观察其性能图谱。如图6-1所示，首先观察性能图谱的上半部分，这里显示的是CPU上的任务。我们发现这里有一个耗时较多的数据加载相关任务。心急的读者可能看到这里，就已经认定数据加载太慢是导致性能瓶颈的主要原因了，但实际上判断数据加载是否对性能产生影响的关键是要看数据加载时GPU任务队列的状态。如果数据加载的整个过程中，GPU队列一直处于繁忙状态——忙于处理积压的GPU任务，那么数据加载就不会对性能产生很大影响，毕竟计算瓶颈依然在GPU。但如果数据加载结束前，GPU队列就已经空闲下来，这时后续GPU任务必须等数据加载完成后才能提交，那就会造成GPU队列的阻塞，对性能产生负面影响。具体到当前的例子里，在性能图谱的下半部分也就是GPU队列中，可以观察到一段长达10ms的空闲时间，而在空闲之后紧接着一个MemcpyHtoD的数据拷贝任务。这代表GPU不仅需要等待数据加载，还需要等数据拷贝完成后才能够开始计算，所以这里有很大的性能优化空间。

图6-1 数据加载并行度不足（num_workers=0）的性能图谱

首先解决第一个问题，就是如何加速数据的加载过程。数据加载过程包括两部分：把数据从硬盘读取到CPU上以及对CPU上的数据进行预处理（比如本例中的Resize操作）。这两部分都是在CPU上进行的，所以一种简单直接的加速思路就是使用多核CPU并行地进行数据加载，在模型处理当前数据的同时预先加载后续需要的数据，从而显著地提高数据处理的效率，减少GPU的等待时间。第5章提到过在PyTorch中可以通过DataLoader类的num_workers参数对子进程数量进行设置。num_workers 默认值为0，即使用单核CPU串行加载数据，如果将其数值设为大于1的整数，DataLoader就会使用多核CPU并行预加载和处理数据，当模型正在训练当前批次的数据时，后台会同时加载下一批次的数据，这样一旦当前批次训练完毕，下一批次的数据就已经准备好可以立即使用了，从而最大程度地减少了GPU的空闲时间。

让我们将 num_workers 设置到4，并再次查看性能图谱的相似位置。如图6-2所示，能明显观察到数据加载的耗时大幅下降，与此同时GPU等待数据加载的时间也缩短到了只有40μs，远低于之前的10ms，这正是多进程并行以及数据预加载共同作用的结果。

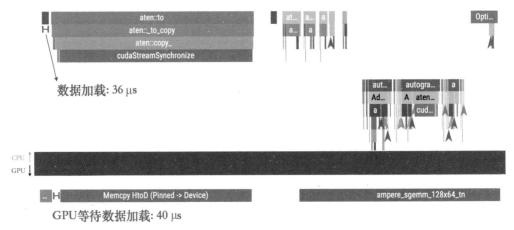

数据加载: 36 μs

GPU等待数据加载: 40 μs

图6-2　增加数据加载并行度（num_workers=4）的性能图谱

6.1.2　使用异步接口提交数据传输任务

6.1.1 小节中我们通过设置 num_workers 成功增加了数据加载过程的并行度，避免其成为性能瓶颈。然而进一步观察 num_workers=4 时的性能图谱（图6-3），我们发现数据拷贝和后续GPU计算中间总有一段空闲。

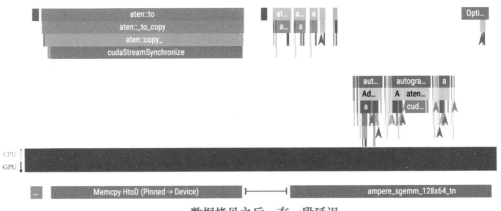

数据拷贝之后，有一段延迟

图6-3　使用同步接口提交数据传输任务的性能图谱

我们还注意到性能图谱的CPU数据传输任务aten::to中，包含了一个同步操作，即cudaStreamSynchronize，这意味数据从主存到显存的拷贝是会阻塞CPU的。也就是说在执行数据拷贝时，CPU什么也干不了，只能空置等待当前GPU队列中的任务都执行完毕、队列清空后才能继续向GPU提交任务。更为具体的分析如图6-4所示。

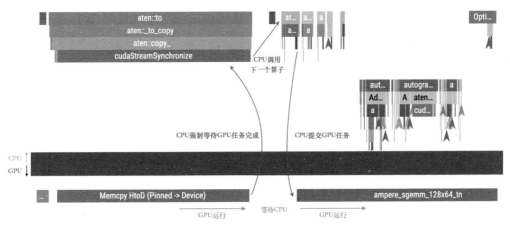

图6-4　同步数据传输接口导致性能下降的原因分析

为什么性能图谱中会出现 cudaStreamSynchronize 呢？这其实是因为代码中使用了 tensor.to(device) 的方法将张量从CPU复制到GPU，默认采取的是同步模式。在这种模式下，CPU必须等数据传输完毕才能执行后续代码。为了提高效率，我们可以考虑将这个数据传输过程设置为非阻塞模式，从而允许在向GPU传输数据的同时，CPU能够继续执行其他任务。为了实现启用非阻塞模式的数据传输，必须同时满足下面两个条件：

（1）需要传输的数据必须存储在**锁页内存（pinned memory）**中。锁页内存的物理地址是固定的，不会被操作系统换出到磁盘，从而允许GPU直接访问这部分内存。在PyTorch中创建的张量默认是常规的**页内存（pageable memory）**，但可以通过 DataLoader的设置直接将数据加载到锁页内存，或使用tensor.pin_memory()方法手动将张量移动到锁页内存。

（2）在调用数据传输时需要设置为非阻塞模式，如 tensor.to("cuda"，non_blocking=True)。这样数据传输的任务会被提交到GPU的任务队列中，CPU则不需要等待数据传输完成即可继续执行后续代码。

读者可能会担心非阻塞模式会导致GPU数据错误，但GPU内部有自己的**任务队列（CUDA stream）**系统。在没有特别指定CUDA计算流的情况下，所有任务默认进入同一个队列，并且会按照任务提交的顺序串行执行。因此，只要我们先使用tensor.to(device, non_blocking=True)提交数据传输任务，然后再提交GPU上的计算任务，就能保证任务的执行顺序是正确的，从而避免数据错误的问题。在6.1.1小节代码的基础上，进一步改为使用非阻塞的数据拷贝方式，代码如下：

```
1 def train(model, optimizer, trainloader, num_iters):
2     with profile(activities=[ProfilerActivity.CPU, ProfilerActivity.CUDA]) as
  prof:
3         for i, batch in enumerate(trainloader, 0):
4             if i >= num_iters:
5                 break
6             data = batch[0].cuda(non_blocking=True)
```

```
7
8              optimizer.zero_grad()
9              output = model(data)
10             loss = output.sum()
11
12             loss.backward()
13             optimizer.step()
14
15      prof.export_chrome_trace(f"traces/PROF_non_blocking.json")
16
17
18 transform = transforms.Compose(
19      [transforms.ToTensor(), transforms.Resize([512, 512])]
20 )
21 trainset = CIFAR10(root="./data", train=True, download=True,
   transform=transform)
22 trainloader = DataLoader(trainset, batch_size=4, pin_memory=True, num_workers=4)
23
24
25 # non_blocking
26 train(model, optimizer, trainloader, num_iters=20)
27
```

进一步观察性能图谱的相同位置，在图6-5中可以观察到，当使用non_blocking=True进行数据传输后，张量的拷贝操作cudaMemcpyAsync就不再需要调用cudaStreamSynchronize来进行同步了。同时，在GPU队列中，数据从主存到设备的拷贝（MemcpyHtoD）与随后的计算任务能够实现几乎无缝的衔接，有效避免了GPU上不必要的等待时间，提高了整体的处理效率。

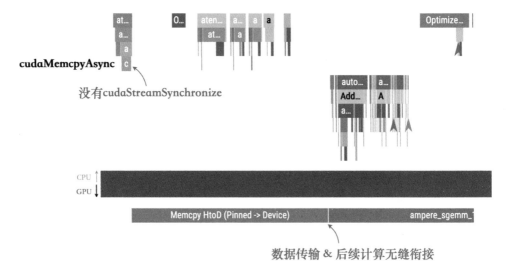

图6-5　使用异步接口进行数据传输的性能图谱

6.1.3　数据传输与GPU计算任务并行

在前面的内容中，我们通过增加CPU数据加载的并行度和使用异步数据传输接口，尽量减少了GPU在等待数据任务的时间。特别是在6.1.2小节的结尾，我们实现了数据传输与后续GPU计算任务的无缝衔接，避免了不必要的等待时间，可以连续不断地执行队列中的计算任务。但是数据传输和GPU上的计算却仍然是按顺序串行执行的（图6-6）。那么，是否有可能让数据传输和GPU计算并行起来呢？

对硬件比较了解的读者可能知道在NVIDIA GPU上，CPU到GPU的数据拷贝和GPU的计算任务是由不同的硬件单元处理的，因此理论上这两者可以并行进行。然而，这两个过程之间存在数据依赖问题——如果数据拷贝还未完成，计算任务又该怎么进行运算呢？

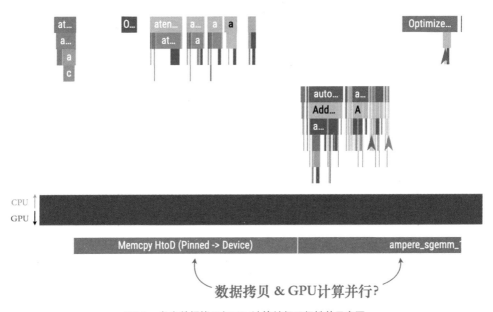

图6-6　考虑数据拷贝与GPU计算并行可行性的示意图

我们可以采取类似CPU预加载数据的策略：在当前训练轮次进行的同时，预先把下一轮训练所需的数据从CPU复制到GPU上。要做到这一点，我们需要通过配置不同的GPU计算流（CUDA Stream）来创建一个并行的数据拷贝任务。

下面我们来改写6.1.2小节的代码，将数据拷贝与GPU计算并行起来：

```
1 def train(model, optimizer, trainloader, num_iters):
2     # Create two CUDA streams
3     stream1 = torch.cuda.Stream()
4     stream2 = torch.cuda.Stream()
5     submit_stream = stream1
6     running_stream = stream2
7     with profile(activities=[ProfilerActivity.CPU, ProfilerActivity.CUDA]) as
  prof:
8         for i, batch in enumerate(trainloader, 0):
9             if i >= num_iters:
10                break
11
12            with torch.cuda.stream(submit_stream):
13                data = batch[0].cuda(non_blocking=True)
```

```
14                  submit_stream.wait_stream(running_stream)
15
16                  # Forward pass
17                  optimizer.zero_grad()
18                  output = model(data)
19                  loss = output.sum()
20
21                  # Backward pass and optimize
22                  loss.backward()
23                  optimizer.step()
24
25              # Alternate between the two streams
26              submit_stream = stream2 if submit_stream == stream1 else stream1
27              running_stream = stream2 if running_stream == stream1 else stream1
28
29       prof.export_chrome_trace(f"PROF_double_buffering_wait_after_data.json")
30
```

为了实现数据传输与GPU计算的并行，我们将数据传输任务和模型计算任务交替提交到两个不同的GPU队列中。为了能够正确更新参数，我们还要保证两个GPU队列的重叠部分仅限于数据传输，而计算部分不发生重叠，这也是为什么我们引入了 submit_stream.wait_stream(running_stream)来进行GPU队列间的同步和等待。对推理部署熟悉的朋友可能会注意到，这一技巧与推理中常用的双重缓冲（double buffering）优化有些相似。

运行改写后的代码，可以明显看出数据传输与GPU计算是并行执行的，如图6-7所示。

图6-7　使用双重缓冲机制后的性能图谱

需要注意的是，双重缓冲主要是加快数据的拷贝速度，因此在数据量较小、数据传输用时较短的场景中，效果可能不太明显。此外，它也可能带来GPU队列间同步的额外开销，有时可能会导致性能略有下降。

本小节主要展示了在单卡情形下，将CPU和GPU间的数据传输和计算放在不同的CUDA stream上实现并行，从而提高性能。在后续的8.1节中我们会延用类似的思路，以将没有数据依赖关系的GPU卡间数据传输与GPU计算并行起来，从而实现分布式训练的加速。

6.2 提高GPU计算任务的效率

在深度学习的计算任务中，GPU是关键的计算资源。我们的目标是充分利用GPU的硬件能力，理想状态是让GPU始终以其最高的浮点运算能力（FLOPS）进行计算，但是实际应用中是不现实的。因此我们需要使用模型浮点运算利用率（model FLOPS utilization, MFU）来衡量GPU的使用效率：

$$MFU = \frac{实际使用FLOPS}{理论最高FLOPS}$$

在6.1节中我们主要探讨了如何优化数据传输和数据处理任务，以避免这些任务阻塞GPU的运行。然而除了数据相关的因素以外，还有一些其他问题也可能导致GPU的使用率较低，比如：

（1）GPU算子执行时间太短，或算子中的计算过于简单，导致为该算子调度的额外开销甚至超过了计算本身，使得性价比较低。

（2）GPU算子的并行度不足，未能充分利用GPU中大量的线程块资源导致浪费。

（3）GPU算子使用了不合适的内存布局，增加了额外的访存开销。

（4）GPU算子的具体实现还有改进的空间。

本小节将着重解决第（1）、（2）类型的性能问题。第（3）、（4）类型的问题虽然也很重要，但由于涉及的优化原理更复杂，所以会留到第9章高级优化方法中进行专门讨论。

6.2.1 增大BatchSize

实际训练的性能图谱最常出现的一个问题是，GPU上的计算任务执行时间过短导致GPU利用率不高。如图6-8所示，这里的性能瓶颈在于GPU上的活动非常稀疏，可以注意到GPU队列上的任务耗时都非常短，以至于很多任务在图谱中只是一个"小竖条"。这通常表明GPU算子的计算太过简单，每次CPU提交任务到GPU后，只需要很短的时间就能计算出结果。结果是GPU大部分时间处于闲置状态，等待CPU提交新的计算任务。

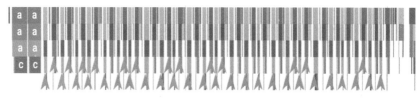

大量GPU空闲

图6-8　ResNet-18模型单轮训练性能图谱

对于性能优化而言，理想状态是CPU持续并迅速地向GPU提交任务，确保GPU的任务队列始终处于满载状态，从而保持GPU的使用率在较高水平。在深度学习训练中，**批处理（batch processing）技术**是指每次迭代中可以同时处理多个数据样本，这样可以有效利用GPU数量庞大的并行核心，显著提高整体的吞吐量和单个CUDA核函数运行的计算效率。

首先来看看它背后的原理，一个算子的CUDA核函数实现通常只针对输入张量的[C, H, W]维度，而不会直接涉及Batch维度的计算。换句话说BatchSize与算子CUDA代码的实现是独立的，提升BatchSize并不能直接提升CUDA核函数的性能。然而它可以增加GPU使用的线程块（block）数量，一次性完成多个样本的计算。本质上来说，BatchSize是通过增加计算并行度的方式来提高算子计算效率的。

如果训练过程以计算密集型（compute bound）为主，那么更大的BatchSize就能够更有效地利用GPU的并行性，充分占用每个CUDA核心。这样做不仅减少了CUDA核心启动的开销，而且减少了数据加载的次数，最终显著提升GPU的利用率。

以ResNet-18为例，我们可以实际测试BatchSize对性能的影响。通过对现有训练代码进行简单修改，可以测量在不同BatchSize下训练固定数量样本的总耗时。以下代码使用torchvision模块中提供的resnet18模型来测试设置不同BatchSize的效果：

```
1 import time
2
3 import torch
4 from torch.utils.data import DataLoader
5 from torch.profiler import profile, ProfilerActivity
6
7 from torchvision.models import resnet18
8 from torchvision.datasets import CIFAR10
9 from torchvision.transforms import Compose, ToTensor, Normalize
10
11 # 设置batchsize
12 batch_size = 4
13
```

```
14 transform = Compose([ToTensor(), Normalize((0.5, 0.5, 0.5), (0.5, 0.5, 0.5))])
15 trainset = CIFAR10(root="./data", train=True, download=True,
   transform=transform)
16 trainloader = DataLoader(trainset, batch_size=batch_size, num_workers=10)
17
18
19 device = torch.device("cuda:0" if torch.cuda.is_available() else "cpu")
20 model = resnet18().to(device)
21 optimizer = torch.optim.SGD(model.parameters(), lr=0.1, momentum=0.9)
22
23
24 def train_num_batches(trainloader, model, device, num_batches):
25     for i, data in enumerate(trainloader, 0):
26         if i >= num_batches:
27             break
28
29         inputs, labels = data[0].to(device), data[1].to(device)
30
31         outputs = model(inputs)
32         loss = torch.nn.CrossEntropyLoss()(outputs, labels)
33         optimizer.zero_grad()
34
35         loss.backward()
36         optimizer.step()
37
38
39 # 热身
40 train_num_batches(trainloader, model, device, num_batches=5)
41 num_batches = len(trainloader) / batch_size
42
43 start = time.perf_counter()
44 train_num_batches(trainloader, model, device, num_batches=num_batches)
45 torch.cuda.synchronize()
46 end = time.perf_counter() - start
47 print(f"batch_size={batch_size} 运行时间: {end * 1000} ms")
48
49 with profile(activities=[ProfilerActivity.CPU, ProfilerActivity.CUDA]) as prof:
50     train_num_batches(trainloader, model, device, num_batches=10)
51 prof.export_chrome_trace(f"traces/PROF_resnet18_batchsize={batch_size}.json")
52
```

将训练时间对BatchSize作图，可以得到训练时间随BatchSize变化的关系图（图6-9）。结果表明，随着BatchSize的增大，训练时间最初会显著减少，但随后逐渐趋于稳定。如前所述，BatchSize通过增加GPU的计算并行度来提高性能，但这种并行度受到GPU线程块总数的限制。在这个例子中，我们看到的饱和现象正是因为GPU的线程块已经达到了使用上限。

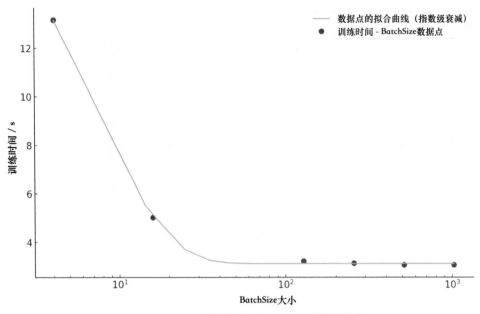

图6-9　ResNet-18训练总时长随BatchSize的变化关系

让我们聚焦于训练时间显著下降的阶段。如果将BatchSize从4增加到128，就可以在性能图像（图6-10）上观察到很明显的变化：

图6-10　不同BatchSize下单轮训练过程性能图谱对比

进一步放大图6-10中的一个数据点，观察一下单个算子的变化。如图6-11所示，在BatchSize为4的时候，CPU调度算子花费的时间（42μs）要远大于GPU执行计算的时间（2μs）。而在BatchSize增大到128时，GPU执行计算的时间则显著变长（38μs），同时提交到GPU上的任务需要排队一段时间之后才能执行。这时因为当BatchSize增大后，单个算子的计算量也随之增大，从而导致计算时间有所增加。这种情况下，GPU处理这些任务的速度将远低于CPU提交任务的速度，比如训练的结尾处我们可以观察到"拖尾"现象（图6-12），这表示GPU的任务队列始终保持满载。

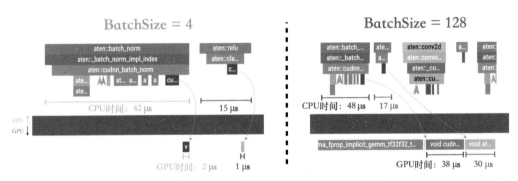

图6-11　增大BatchSize能够提高GPU使用率的原因解析

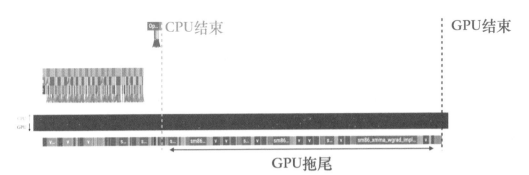

图6-12　ResNet-18训练结尾处的GPU拖尾现象

同时，增加BatchSize并不是没有代价的。较大的BatchSize可能会影响模型的泛化能力，尽管这也受到训练集大小、组成、网络结构和训练方法等因素的影响。实际上，许多大型模型使用较大的BatchSize，这也表明在大数据集上，较大的BatchSize的负面影响可能会有所减轻。选择BatchSize时，需要在模型质量和训练速度之间找到平衡，具体还应基于实验结果进行选择。

尽管如此，对于中等或更大规模的模型，为了最大化GPU利用率，BatchSize通常会尽可能增大直至达到显存的限制，尤其是在大型模型中，因此，优化显存使用也成为提高训练速度的一个有效手段。关于显存的优化，我们将在第7章显存优化中进行详细讨论。

6.2.2　使用融合算子

在第3章中，我们讨论了PyTorch的动态图特性，它的灵活性和易用性受到广泛称赞。然而，这种灵活性也意味着PyTorch中的GPU算子比较轻量，每个算子调用都需要经过一系列层级的调用流程：从Python到C++，再到CUDA执行，然后将结果返回C++，最后回到Python。对于层级较多的模型来说，这样的操作调度开销占比较大。因此，本节将专注于如何通过改变代码写法，合并相邻的算子调用来减少这些调度开销。

一种有效的策略是手动合并算子，这通常需要一定的数学技巧来将多个相邻的算子融合成一个单一的算子。一个典型的例子是合并多个连续的逐元素操作（elementwise operations），例如：

```
1  import torch
2
3  x = torch.rand(3, 3)
4  y = torch.rand(3, 3)
5
6  z = x * y
7  z1 = z + x
8  print(z1)
9
10 # 可以将上面的计算合并为一个算子，结果是等价的
11 z2 = torch.addcmul(x, x, y)
12 print(z2)
13
```

除了上面的例子以外，一些常见的融合还包括**点积与加法合并**：

```
1  import torch
2
3  a = torch.rand(4, 4)
4  b = torch.rand(4, 4)
5  c = torch.rand(4, 4)
6
7  x = torch.matmul(a, b)
8  x1 = x + c
9  print(x1)
10
11
12 # 融合成一个算子
13 x2 = torch.addmm(c, a, b)
14 print(x2)
15
```

除了依靠数学知识手动融合多个算子之外，PyTorch还在 torch.nn.utils.fusion 模块下提供了一系列常用的算子融合的接口。例如，fuse_linear_bn_eval 接口能够将相邻的 Linear 算子和BatchNorm 算子合并为一个新的 Linear 算子。让我们用一个例子进行说明：

```
1  import torch
2  import torch.nn as nn
3  from torch.profiler import profile, ProfilerActivity
4
5
6  class SimpleModel(nn.Module):
7      def __init__(self):
8          super(SimpleModel, self).__init__()
9          self.linear = nn.Linear(100, 50)
10         self.bn = nn.BatchNorm1d(50)
11
12     def forward(self, x):
13         return self.bn(self.linear(x))
14
```

```
15
16  @torch.no_grad()
17  def run(data, model, num_iters, name):
18      with profile(activities=[ProfilerActivity.CPU, ProfilerActivity.CUDA]) as
    prof:
19          for _ in range(num_iters):
20              original_output = model(input_tensor)
21      prof.export_chrome_trace(f"traces/PROF_cuda_{name}.json")
22
23
24  model = SimpleModel().to(torch.device("cuda:0"))
25  model.eval()
26  input_tensor = torch.randn(4, 100, device="cuda:0")
27
28  # 融合前
29  run(input_tensor, model, num_iters=20, name="no_fusion")
30
31  # 融合后
32  fused_model = torch.nn.utils.fusion.fuse_linear_bn_eval(model.linear, model.bn)
33  run(input_tensor, fused_model, num_iters=20, name="fusion")
34
```

算子融合前后的性能图谱对比如图6-13所示，使用 torch.nn.utils.fusion.fuse_linear_bn_eval 后，可以清楚地看到模型中相邻的Linear和BatchNorm操作被合并成一次新的Linear调用。这不仅在数学层面减少了计算量，也降低了操作的调用次数。

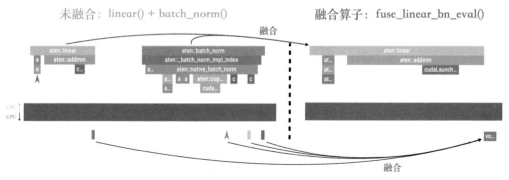

图6-13　算子融合前后的性能图谱对比

算子融合是优化深度学习网络的一种非常常见的方法，它有助于提升网络运行效率和减少资源消耗。尽管如此，PyTorch的原生接口中并没有提供太多关于算子融合的直接支持，通常需要依赖手动融合算子，而这一过程可能耗时较长。在实际训练中，常见的算子融合方法包括使用 torch.compile和引入高性能自定义算子，但这些方法的原理相对复杂，更详尽的讨论和应用将在第9章高级优化方法中进行。

6.3 减少CPU和GPU间的同步

在第3章中，我们已经介绍过CUDA后端上的操作通常是异步执行的。这意味着每个操作分为两个阶段：首先向GPU提交计算任务，其次GPU完成这些任务。当利用异步接口时，CPU在提交了计算任务之后，可以立即继续执行其他代码，而不需要等待GPU完成这些任务。得益于GPU强大的队列机制，异步机制能够在保证正确性的同时，极大地提高了训练效率。

在必要的情况下我们可以手动执行CPU-GPU同步操作，即让CPU等待GPU上的所有操作都完成。但是，CPU-GPU同步操作的成本非常高，如果将CPU和GPU比作两条可以并行工作的生产线，同步操作就相当于暂停CPU生产线，等待GPU生产线完成所有任务后，CPU生产线才能继续运作。这种情况显然是我们通常希望避免的。

PyTorch中的torch.cuda.synchronize()函数可以用来进行CPU与GPU之间的同步，这在调试时非常实用。然而在非调试阶段，开发者应尽量避免手动同步的调用，因为它可能会对性能产生显著的负面影响。

需要注意的是，除了在代码中显式地调用同步函数，PyTorch中的一些写法也会隐式地进行同步，这常常是PyTorch程序性能的"隐藏杀手"。那么该如何判断和找到这些隐式的同步呢？其实也很简单，绝大多数隐式同步其实有一个共性，那便是想要在Python中使用GPU张量的值。典型的操作包括但不限于表6-1中的操作。

表6-1　可能触发CPU-GPU同步操作的PyTorch接口

触发隐式同步的 操作分类	示例和解释
对tensor的元素 级别的索引	● 取出0维张量的元素：tensor.item() ● 取出1维张量特定位置的元素：tensor[0]
将tensor搬运回 CPU内存的操作	用户要求数据从GPU搬运回CPU的操作，如tensor.cpu() / tensor.numpy()
隐式依赖张量的 具体数值的操作	● print(tensor)：打印一个张量的前提是计算该张量值的内核函数已经执行完毕，并且该张量的数值需要从GPU显存传输回CPU内存，因此会隐式地调用同步 ● num_nonzero = len(torch.nonzero(x))：torch.nonzero()函数的返回张量的长度取决于计算出来的非零值的个数，而获得一个张量的非零值的前提是计算该张量值的内核函数已经执行完毕，因此CPU需要等待GPU上的内核函数运行完成后才能获得num_nonzero的数值继续执行后续操作

下面看一个可能平时不太会注意到的torch.nonzero()的例子：

```
1 import torch
2 import torch.nn as nn
3 from torch.profiler import profile, ProfilerActivity
4
5
6 class Model(torch.nn.Module):
7     def __init__(self):
8         super(Model, self).__init__()
9         self.linear1 = nn.Linear(1000, 5000)
10        self.linear2 = nn.Linear(5000, 10000)
11        self.linear3 = nn.Linear(10000, 10000)
12        self.relu = nn.ReLU()
13
14    def forward(self, x):
15        output = self.relu(self.linear1(x))
16        output = self.relu(self.linear2(output))
17        output = self.relu(self.linear3(output))
18        nonzero = torch.nonzero(output)
19        return nonzero
20
21
22 def run(data, model):
23    with profile(activities=[ProfilerActivity.CPU, ProfilerActivity.CUDA]) as
   prof:
24        for _ in range(10):
25            model(data)
26    prof.export_chrome_trace("traces/PROF_nonzero.json")
27
28
29 data = torch.randn(1, 1000, device="cuda")
30 model = Model().to(torch.device("cuda"))
31 run(data, model)
32
```

在性能画像（图6-14）中我们可以看到aten::nonzero的耗时在每轮训练中占比很大，达到了83%之多。这其中主要问题是在CPU上有一段漫长的cudaMemcpyAsync。

图6-14 含有nonzero()算子的模型，单轮训练过程的性能图谱

我们着重来分析这段cudaMemcpyAsync，这是一个GPU到CPU的数据拷贝（memcpy device to host）。可是为什么在aten::nonzero中间会出现数据拷贝呢？这其实与这个操作在PyTorch中的实现有关，torch.nonzero()算子会返回一个新的张量，其中包含输入张量中所有非零元素的索引，也就是它们在输入张量中的位置。换句话说，这个操作的返

回张量的大小依赖于输入张量的运行时的具体数值，只有在程序运行起来之后才能确定。因此我们需要确保nonzero的输入张量的值运算完毕，计算出非零元素的个数后再将这个数字从GPU传回CPU上，这个时候CPU才能确切地知道要为这个返回张量分配多少显存。虽然传输几个整数类型的数字本身很快，但它需要等GPU队列上的其他任务完成后才能开始拷贝。这就是为什么我们放大视图（图6-15）后可以看到CPU上有一个cudaStreamSynchronize，这其实是CPU被迫闲置等待GPU的运算完成并把非零元素的个数传回CPU的过程。

图6-15　nonzero()算子导致性能下降的原因分析

这也就解释了为什么在PyTorch中使用nonzero算子往往会对性能造成较大影响。其根本原因在于它隐式地创建了CPU对GPU上特定的中间计算结果的依赖。为了确保计算的正确性，不得不插入GPU到CPU的同步操作，从而形成了一个性能瓶颈。

6.4 降低程序中的额外开销

Python作为一种高级编程语言提供了很多能够提升开发效率的灵活特性，但也带来了不小的额外性能开销。因此许多Python性能优化的库在底层选择使用C++等高性能语言，这种方法允许在保持Python友好接口的同时，提升底层计算的效率。PyTorch正是采用了这种策略。当我们使用PyTorch的任何操作时，都会触及两层逻辑：一是上层的Python接口，提供灵活性和易用性；二是底层的C++实现，用于保证计算效率。由于第3章提到的PyTorch的CPU和GPU异步执行机制，开发者有时可能不会意识到调用PyTorch API所隐含的性能开销。然而，在实际应用中，这些开销所占的时间比例可能远超我们的预期。

首先，任何PyTorch算子的调用都会产生一定的Python层调用开销。除了有意识地减少不必要的调用以外，开发者对这种额外开销实际上没有很好的解决方案。在对性能有极高要求的推理场景中，我们可能会考虑放弃使用Python，转而直接采用C++等静态语言，以最小化调度开销。然而，在更加注重灵活性和易用性的训练场景中，我们可以将

Python层的额外开销视为一种"易用税"，这是在开发效率和程序性能之间达成平衡的必要成本。

需要特别指出的是，在PyTorch中，如果算子使用不当，其性能开销可能非常高。因此，我们希望开发者能够对这些开销有所了解，在开发程序和迭代算法时，虽然不需要追求极致性能，但还是应该尽量避免浪费GPU资源。这里有两个开销问题的高发区域：

（1）张量的创建和销毁，特别是涉及显存管理的操作，这些都是开销较大的操作。我们将在后续章中介绍PyTorch内部的缓存池机制。虽然缓存池可以在一定程度上改善由动态张量分配引起的性能问题，但它并不能完全解决这一问题。

（2）梯度计算也对显存和处理能力带来了相当的额外负担。在第3章提到过，梯度的计算需要存储前向传播过程中的所有中间结果，以便在反向传播时使用。禁用梯度计算不但可以节省大量内存，还省去了构建和维护反向传播的计算图的过程。

我们将在本小节中来详细讨论如何避免这些不必要的开销。

6.4.1　避免张量的创建开销

1. 直接在GPU上创建张量

在PyTorch中，如果要创建一个新的GPU张量应该尽量直接在GPU上创建并初始化张量，避免在CPU上创建再传输到GPU。这里通过一个例子来探讨不同方法创建张量对性能的影响。下面的示例代码不断重复创建张量，然后打印性能图谱来分析这些操作在底层所经历的具体过程：

```
1 import torch
2 import torch.nn as nn
3 from torch.profiler import profile, ProfilerActivity
4
5
6 def tensor_creation(num_iters, create_on_gpu):
7     with profile(activities=[ProfilerActivity.CPU, ProfilerActivity.CUDA]) as
  prof:
8         shape = (10, 6400)
9         for i in range(num_iters):
10            if create_on_gpu:
11                data = torch.randn(shape, device="cuda")
12            else:
13                data = torch.randn(shape).to("cuda")
14     prof.export_chrome_trace(
15         f"traces/PROF_tensor_creation_on_gpu_{create_on_gpu}.json"
16     )
17
18
19 # 情况1. 先在CPU上创建Tensor然后拷贝到GPU
20 tensor_creation(20, create_on_gpu=False)
21
22 # 情况2. 直接在GPU上创建Tensor
23 tensor_creation(20, create_on_gpu=True)
24
```

先看第一种情况的性能图谱，如图6-16所示，torch.randn().to("cuda") 实际包含两个步骤，先是在CPU上创建了张量，然后再拷贝到GPU上。然而这两步操作是完全多余的，为什么不直接在GPU上创建张量并初始化呢？

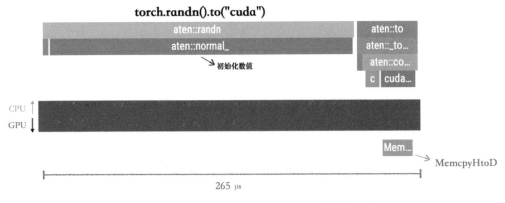

图6-16　使用 torch.randn().to("cuda") 写法的性能图谱

然后再看一下第二种也就是直接在GPU上创建张量的情况，其性能图谱如图6-17所示，可以看到指定 device="cuda" 后，PyTorch直接将张量数据分配在GPU显存中，同时初始化了张量的数值。这样就优化掉了此前提到的CPU张量创建过程和数据拷贝过程。

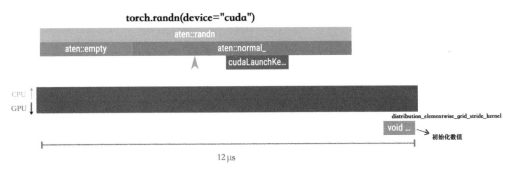

图6-17　使用 torch.randn(device="cuda") 写法的性能图谱

对比一下两种写法的耗时，在本例中使用 torch.randn().to("cuda") 的写法耗时265μs，而使用 torch.randn(device="cuda") 的写法则只需要 12μs。

2. 使用原位操作

大部分PyTorch操作默认会为返回张量创建新的内存，但大部分张量在创造出来之后只使用一次即被销毁，这样多少会造成资源的浪费。既然显存的分配和销毁都是比较大的时间开销，是否可以更加高效地利用已经分配的显存呢？答案是可以的，可以通过使用原位操作来优化显存分配过程。

在第3章提到过原位操作是算子的一个特殊变体，这些操作不会生成新的输出张量，而是直接在输入张量上进行修改。由于省去了内存的创建过程，原位操作通常在性能上更为高效。下面将通过一个具体的例子来展示原位操作：

```python
1  import torch
2  from torch.profiler import profile, ProfilerActivity
3
4
5  def run(data, use_inplace):
6      with profile(activities=[ProfilerActivity.CPU, ProfilerActivity.CUDA]) as
   prof:
7          for i in range(2):
8              if use_inplace:
9                  data.mul_(2)
10             else:
11                 output = data.mul(2)
12     prof.export_chrome_trace(f"traces/PROF_use_inplace_{use_inplace}.json")
13
14
15 shape = (32, 32, 256, 256)
16
17 # Non-Inplace
18 data1 = torch.randn(shape, device="cuda:0")
19 run(data1, use_inplace=False)
20
21 # Inplace
22 data2 = torch.randn(shape, device="cuda:0")
23 run(data2, use_inplace=True)
24
```

在这个例子中，使用 data.mul()进行的是非原位操作，从其性能图（图6-18）中可以观察到一个非常耗时的 cudaMalloc操作。这表明一个新的张量被创建，并且其数据被分配到GPU上。相比之下，如果使用data.mul_()，则会进行原位操作，该操作只触发一个与乘法计算相关的GPU函数，而无须额外进行显存分配，因此，使用data.mul_()在性能上通常更具优势。笔者的机器上本示例的原位操作比非原位操作快了20%[1]。

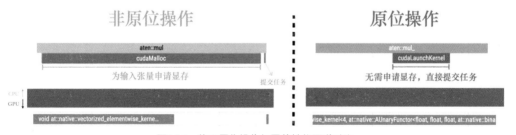

图6-18　使用原位操作与否的性能图谱对比

6.4.2　关闭不必要的梯度计算

通常情况下有两种常见的不需要进行反向梯度更新的场景。首先，在训练过程中，

---

[1] 该数字仅供参考，提升的具体比例与软硬件环境以及操作的张量大小都有关。

某些部分的代码仅负责执行前向传播。例如，在某些模型微调的场景中，我们通常在一个预训练的模型上添加一个自定义的小型模块。在这种情况下，预训练模型的参数会被冻结，只对新增的自定义模块进行训练。对于这部分仅需要前向传播的代码，通常使用torch.no_grad()这个上下文管理器。在这个上下文管理器的范围内，所有创建的张量的requires_grad属性都被标志为 False，这些张量参与的计算操作不会被跟踪历史，也就是不会在反向传播中计算梯度。这样做可以显著减少内存消耗并加速计算。

另一种不需要反向梯度更新的场景是纯推理代码，这样的使用场景下往往所有的代码段都只承担前向传播的任务，整个运行过程中完全不涉及反向传播。对于熟悉PyTorch的开发者而言，首先需要将模型设置为评估模式，即调用model.eval()。此操作主要改变某些层的行为：例如，在推理模式下，BatchNormalization层将不会更新统计数据，且Dropout 层不会执行随机丢弃功能。这是确保在推理时获得准确结果的必要步骤，尽管它对性能的提升并不显著。为了加速推理过程，PyTorch提供了 torch.inference_mode() 接口，这是比 torch.no_grad() 更为激进的面向推理预测代码的优化，除了不生成反向算子以外，还会关闭一系列只在反向过程起作用的检查或设置，比如原位算子的版本检测机制等。

我们来组织一个简单的例子，观察一下开启 torch.inference_mode() 对性能的影响。在笔者的机器上不使用 torch.inference_mode() 总运行时间为 6.22ms，而使用之后则降低到 5.32ms，因此在本例中使用 torch.inference_mode() 节省了15%的运行时间。

```python
1 import torch
2 import torch.nn as nn
3 import time
4
5
6 class SimpleCNN(nn.Module):
7     def __init__(self):
8         super(SimpleCNN, self).__init__()
9         self.conv1 = nn.Conv2d(3, 16, kernel_size=3, stride=1, padding=1)
10        self.relu = nn.ReLU()
11        self.conv2 = nn.Conv2d(16, 32, kernel_size=3, stride=1, padding=1)
12
13    def forward(self, x):
14        x = self.conv1(x)
15        x = self.relu(x)
16        x = self.conv2(x)
17        return x
18
19
20 def infer(input_data, num_iters, use_inference_mode):
21     start = time.perf_counter()
22
23     with torch.inference_mode(mode=use_inference_mode):
24         for _ in range(num_iters):
25             output = model(input_data)
26
27     torch.cuda.synchronize()
28     end = time.perf_counter()
```

```
29        return (end - start) * 1000
30
31
32  model = SimpleCNN().to(torch.device("cuda:0"))
33  input_data = torch.randn(1, 3, 224, 224, device="cuda:0")
34
35  # 开启Inference Mode
36  infer(input_data, num_iters=10, use_inference_mode=True)   # warm up
37  runtime = infer(input_data, num_iters=100, use_inference_mode=True)
38  print(f"开启Inference Mode用时: {runtime}s")
39
40  # 关闭Inference Mode
41  infer(input_data, num_iters=10, use_inference_mode=False)   # warm up
42  runtime = infer(input_data, num_iters=100, use_inference_mode=False)
43  print(f"关闭Inference Mode用时: {runtime}s")
44
```

6.5 有代价的性能优化

假如程序中非GPU部分的额外开销已经下降到了极致，对训练速度的优化是不是就到了极限了呢？当然不是，我们仍然可以进一步通过资源置换的方式加速训练。深度学习领域往往可以在模型精度、计算速度、显存占用以及分布式的带宽资源之间进行置换。比如可以牺牲一点点精度来换取训练速度的大幅提升，最典型的例子是混合精度训练，我们会留到第9章高级优化方法中深入讲解。

本小节将着重介绍两种比较简单的通过置换其他指标来提高训练性能的优化方法。

6.5.1　使用低精度数据进行设备间拷贝

让我们首先聚焦于CPU-GPU数据传输过程。6.1小节讨论了数据传输的优化思路，核心思想是使用异步接口，减少GPU任务等待数据拷贝的时间。然而这并没有加速数据拷贝本身，对于大尺寸的输入张量，或者使用很大BatchSize的场景，数据拷贝本身会消耗相当长的时间。

这时我们可以考虑使用低精度数据类型进行设备间拷贝。可以参考常用的量化压缩方法来将高精度数据转化为低精度数据，读入到GPU后再转化回高精度数据参与训练[1]；或者使用对GPU友好的编解码算法——读取编码压缩后的数据，然后在GPU上进行解码等。

1　https://huggingface.co/docs/optimum/en/concept_guides/quantization

一个典型的例子是处理RGB图像数据，由于其取值范围通常为0～255，我们可以使用 uint8 类型（每个数值占用1字节）替代 float 类型（每个数值占用4字节）来存储数据。由于 uint8 类型的张量体积只有相同尺寸 float 类型的四分之一，因此在传输过程中可以实现显著的速度提升。

下面通过一个例子来对比 float32 类型和 uint8 类型张量的数据拷贝速度：

```
1 import torch
2 import torch.nn as nn
3 from torch.profiler import profile, ProfilerActivity
4
5
6 def data_copy(data, dtype_name=""):
7     with profile(activities=[ProfilerActivity.CPU, ProfilerActivity.CUDA]) as
  prof:
8         for _ in range(10):
9             output = data.to("cuda:0", non_blocking=False)
10    prof.export_chrome_trace(f"traces/PROF_data_copy_{dtype_name}.json")
11
12
13 # Float precision
14 data1 = torch.randn(4, 32, 32, 1024, dtype=torch.float32)
15 data_copy(data1, "float32")
16
17
18 # Uint8 precision
19 data2 = torch.randint(0, 255, (4, 32, 32, 1024), dtype=torch.uint8)
20 data_copy(data2, "uint8")
21
```

运行结束后可以打印出性能图谱并进行对比。如图6-19所示，float32 类型张量的数据拷贝时间为 1373 μs，远大于 uin8 类型张量的拷贝时间337 μs。

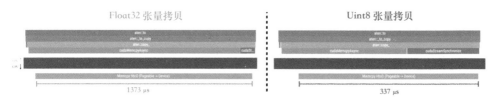

图6-19　float32 和 uint8 张量的数据拷贝性能图谱对比[1]

在条件允许的时候应该尽量使用无损的压缩技术，然而实际应用中大部分量化压缩算法以及部分编解码算法都是有损压缩。因此在决定使用低精度数据前还需要仔细验证，并不是所有类型的数据都有类似0～255的取值范围的。对于一些没有明确数值界限的数据来说，量化压缩到低精度数据可能对于训练结果和收敛性是有损伤的，要根据实际实验进行取舍判断。

1　截取最后一轮循环对应的区域

6.5.2　使用性能特化的优化器实现

深度学习训练过程包含四大主要步骤：数据加载、前向传播、反向传播、参数更新。让我们将目光转向参数更新过程。在训练任务中，一般不会将反向传播计算出来的梯度直接累加到模型参数上，而是通过优化器（optimizer）来控制参数更新的数值。一般来说优化器会对梯度进行一系列加工，随后计算出参数更新的具体数值。

考虑到动辄上亿的参数规模，优化器对梯度的更新速度也是影响训练性能的主要因素之一。因此PyTorch针对每种优化器，提供了三种不同的梯度更新实现：for-loop、for-each、fused。这三种实现的主要区别，在于对性能和显存两者的侧重不同。

for-loop 是最为偏重于节省显存的实现，但是性能比较差。举例说明其实现原理：假如使用SGD方法更新10个参数——从 w_1 到 w_{10}，则 for-loop 会使用Python中的串行循环，每次更新其中一个权重，SGD的梯度更新方式通常包括一次乘法和一次加法：

```
1  # 伪代码
2  for w in [w1, w2, ..., w10]:
3      w = w - lr * w.grad
4
```

在PyTorch中，由于动态图的局限性，所有算子计算都不能自动融合，因此更新所有参数需要调用10次乘法算子和10次加法算子。这总计20次算子的调用成本可能远大于底层CUDA乘法、CUDA加法计算。特别是在参数数量非常多的时候，反复的算子调用会极大地损耗性能。为了解决这个问题，PyTorch进一步引入了 for-each 方法。

for-each 是相对偏重于性能的方法，但其占用的显存会更多。前文提到 for-loop 方法更新10个参数需要调用10次乘法算子和10次加法算子。由于所有参数更新都是相互独立的，我们可以先把10个参数合并到一个张量中，这样就只需要对这个合并张量调用1次乘法算子和1次加法算子即可。这相当把所有参数预先合成为一个巨大的参数，然而只对这一个参数进行更新。虽然实际计算量没有变化，但是极大地降低了算子反复调用的次数，提高了性能。

对于SGD这样比较简单的优化器，优化到1次加法和1次乘法调用就已经非常不错了。但是对一些更复杂的优化器来说，比如包含了若干乘法、除法、加减法、平方开方等运算的Adam优化器而言，即使使用了 for-each 方法之后依然还有很多算子调用。那么有没有方法能进一步将这些算子也融合起来呢？答案是肯定的，fused 方法在for-each的基础上，进一步将优化器的所有计算都合并成一个算子，所以能够达到最佳的计算性能，但是其显存占用也比较高。

接下来通过对比一个实例使用 for-loop、for-each、fused 方法的性能图谱来展示它们之间的差异。

```
1  import torch
2  from torch.profiler import profile, ProfilerActivity
3
4
5  class SimpleNet(torch.nn.Module):
6      def __init__(self):
7          super(SimpleNet, self).__init__()
8          self.fcs = torch.nn.ModuleList(torch.nn.Linear(200, 200) for i in
   range(20))
9
10     def forward(self, x):
11         for i in range(len(self.fcs)):
12             x = torch.relu(self.fcs[i](x))
13         return x
14
15
16 def train(net, optimizer, opt_name=""):
17     data = torch.randn(64, 200, device="cuda:0")
18     target = torch.randint(0, 1, (64,), device="cuda:0")
19     criterion = torch.nn.CrossEntropyLoss()
20     with profile(activities=[ProfilerActivity.CPU, ProfilerActivity.CUDA]) as
   prof:
21         for _ in range(5):
22             optimizer.zero_grad()
23             output = net(data)
24             loss = criterion(output, target)
25             loss.backward()
26             optimizer.step()
27     prof.export_chrome_trace(f"traces/PROF_perf_{opt_name}.json")
28
29
30 # For-loop
31 net = SimpleNet().to(torch.device("cuda:0"))
32 adam_for_loop = torch.optim.Adam(
33     net.parameters(), lr=0.01, foreach=False, fused=False
34 )
35 train(net, adam_for_loop, opt_name="for_loop")
36
37
38 # For-each
39 net = SimpleNet().to(torch.device("cuda:0"))
40 adam_for_each = torch.optim.Adam(
41     net.parameters(), lr=0.01, foreach=True, fused=False
42 )
43 train(net, adam_for_each, opt_name="for_each")
44
45
46 # Fused
47 net = SimpleNet().to(torch.device("cuda:0"))
48 adam_fused = torch.optim.Adam(net.parameters(), lr=0.01, foreach=False,
   fused=True)
49 train(net, adam_fused, opt_name="fused")
50
```

for-loop 每次只更新一个参数，如图6-20所示 for-loop 实现会循环调用add、lerp、
mul、addcmul等算子，这样直接导致频繁的算子调用，对性能产生很大的影响。

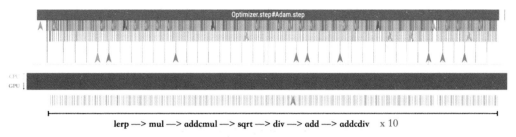

lerp —> mul —> addcmul —> sqrt —> div —> add —> addcdiv   x 10

图6-20   使用for-loop模式的Adam优化器的性能图谱

for-each 实现则会将add、lerp、mul、addcmul……这些独立的调用按类型合并，所以在图6-21的GPU队列中只会看到7个融合算子对应的计算任务，大大减少了调用的开销。

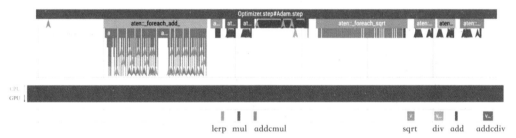

lerp   mul   addcmul   sqrt   div   add   addcdiv

图6-21   使用for-each模式的Adam优化器的性能图谱

fused 则采用了更为激进的融合策略，可以从图6-22看到算子调用次数减少到了两次，分别为两个巨大的融合算子，这导致优化器的CPU延迟被压缩到非常短，在性能上更具优势。

图6-22   使用fused模式的Adam优化器的性能图谱

综合来看，for-loop通常是最慢的方法，因为它在Python层面逐个处理元素，不能很好地利用硬件加速。此外，每次迭代都可能涉及Python的全局解释器锁（GIL）和其他开销，因此仅适合小规模数据处理。for-each 操作通常比for-loop方法更快，因为它们减少了Python解释器的调用次数，并可能在底层实现并行处理。而fused方法通常能够提供最佳性能，因为它们减少了内存访问次数和中间状态的存储需求，同时充分利用了现代硬件的并行能力，更适用于高效的大规模训练和复杂操作的场合。

6.6 本章小结

将本章介绍的所有优化方法总结如图6-23所示。

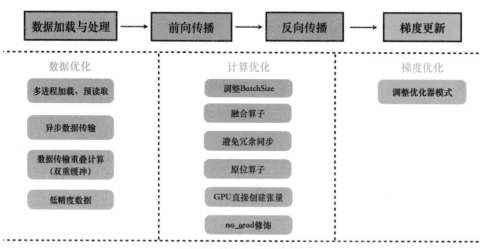

图6-23　性能优化方法总结

在实践中，我们可以重复以下步骤来不断分析并优化训练系统的性能：

（1）生成性能图像。

（2）观察性能图像，参考4.3.4小节的内容定位性能瓶颈对应的训练阶段。

（3）根据性能瓶颈产生的原因，决定采用的优化方法。

（4）重新生成性能图像验证优化效果。

我们会在第10章GPT-2优化全流程中展示如何实际运用上述分析步骤。除此以外，本章讲述的性能优化方法，其优化上限是将GPU队列中的"气泡"完全消除——也就是让GPU达到满载状态，但这并不是性能优化的终点。在GPU达到满载之后，我们还可以借助第9章高级优化方法中的技巧来进一步优化GPU计算效率。最后当我们将训练性能优化到极限之后，还可以采用分布式系统中数据并行的策略再次对模型训练进行加速。

单卡显存优化专题

　　显存优化在神经网络训练领域是一个经常讨论的话题。有训练模型经验的读者应该对GPU的**显存溢出（Out of Memory，OOM）**错误并不陌生，也了解模型规模越大，需要的显存越多的道理。

　　对于深度学习训练过程而言，显存是和性能同等重要的指标。但在实际操作中，显存优化往往比性能优化的优先级更高，这是为什么呢？核心原因在于显存直接构成了模型训练的硬门槛，会极大地限制我们能够训练的模型规模。

　　本章将介绍两类方法：通用的显存优化方法，和通过其他资源来置换显存的优化方法。其中通过其他资源置换的方式通常用于硬件资源有限的情况，置换的资源可以包括计算资源、CPU和GPU间的数据传输带宽等。

　　然而在讲解显存优化的具体方法之前，我们还需要首先了解两个前置知识，一个是PyTorch的显存管理机制，另一个则是显存的分析方法，前者对显存分析的准确性有很大影响，后者教会我们如何定位显存峰值的位置。

7.1 PyTorch的显存管理机制

开发运行在CPU上的程序时，每当需要分配数组等占用大量内存的数据时，都会向操作系统申请内存，而操作系统则会在栈堆上面为程序开辟出额外的内存空间。显存的分配与内存几乎一模一样，只是分配的主体从操作系统改成了GPU驱动而已。

然而在第3章中提到，在动态图模式下PyTorch常常频繁分配、销毁张量数据，但GPU驱动每次分配、回收显存的延迟和效率都比较低，如果PyTorch频繁进行显存创建和回收，效率就会大打折扣。因此PyTorch引入了**显存池机制**自行管理张量的显存分配。

每当需要为张量分配显存时，PyTorch不会只申请张量所需的显存大小，而是向驱动一次性申请一块更大的显存空间，这样多出来的显存空间就会被显存池缓存下来。除此以外，任何张量在销毁后，其占用的显存空间也不会直接归还给GPU驱动，而是同样被显存池缓存下来。这样的好处在于，当需要再次为新张量分配显存时，就可以从显存池的缓存中进行分配，而不需要效率低下的GPU驱动参与了。PyTorch显存池机制如图7-1所示。

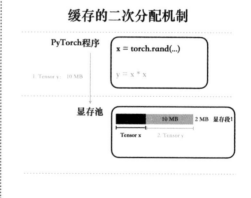

图7-1　PyTorch显存池机制示意图

每当缓存下来的显存耗尽时，PyTorch就会继续向GPU驱动申请一段新的显存。如果我们将显存比作房子，GPU驱动比作房东，那么PyTorch的显存池就相当于一个二房东，本质上就是对分配出来的若干显存段进行二次管理。

然而显存池机制也有两个缺点。第一个缺点是显存池会导致PyTorch总是占用比实际需求更多的显存。大部分情况下显存池额外占用的显存不会太大，但是一旦进行了删除模型、删除大体积张量等释放大量显存的操作后，被缓存下来而无法释放的显存量就非常大，甚至会影响程序的后续执行。这时可以考虑调用 torch.cuda.empty_cache() 接口，这个接口会尽可能释放所有完全空闲的显存段。

然而torch.cuda.empty_cache()并不总是能解决显存不够用的问题，其原因就在"完全空闲"这4个字上面。不管一个显存段的长度有多大，只要上面还有哪怕1字节的占用，整段显存就无法被PyTorch显存池归还给GPU驱动，这就是经典的显存碎片化问题。那么显存池能否将不同显存段上的零散占用压缩到少数几个显存段，从而腾出几个"完全空闲"的显存段呢？经过实际测试，直到PyTorch 2.2为止，还未能支持此功能。调用 torch.cuda.empty_cache()的效果以及显存碎片化问题的示意图如图7-2所示。

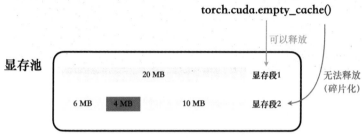

图7-2　碎片化导致缓存无法释放示意图

那么，一旦出现显存碎片化问题要如何解决呢？一个实用的方法是设置 max_split_size_mb，这个参数的含义是拒绝PyTorch分割比该参数大的显存段，可以有效阻止将小的张量分配到大的显存段中，导致显存碎片化。设置越小的 max_split_size_mb 数值，则碎片化风险越小，但是显存池的缓存能力更差，带来一定的性能问题。依据经验，可以将该数值设置为100～500 MB，需要在训练环境下自行摸索。设置方法如下：

```
1 export PYTORCH_CUDA_ALLOC_CONF=max_split_size_mb:128
2
```

7.2 显存的分析方法

在深入探讨显存优化策略之前我们还有一个前置知识需要说明，也就是如何分析并定位PyTorch显存占用的峰值位置。在第3章深度学习必备的硬件知识中提到可以使用NVIDIA-SMI 命令来查询GPU的总显存及其占用情况。NVIDIA-SMI 从驱动层面分析进程的所有显存开销，因此其显示的数值非常精确，不会遗漏任何显存占用项，显示信息如图7-3所示。

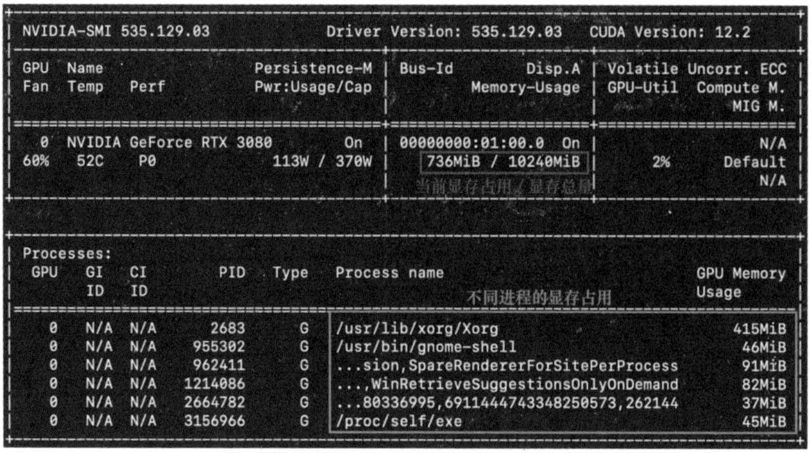

图7-3 NVIDIA-SMI 输出结果：显存总量、已占用显存、各个进程显存占用等信息

7.2.1 使用PyTorch API查询当前显存状态

NVIDIA-SMI 只能显示进程占用的显存总量，信息粒度还是太粗糙了。那么，如何进一步得到PyTorch程序的显存占用细节呢？可以通过表7-1中PyTorch提供的API来查询显存的实时数据。

表7-1 PyTorch显存查询API列表

API 名称	功能
torch.cuda.memory_reserved()	PyTorch实时占用的显存大小
torch.cuda.max_memory_reserved()	PyTorch显存占用的峰值
torch.cuda.memory_allocated()	PyTorch实时分配的张量显存总和
torch.cuda.max_memory_allocated()	PyTorch分配的张量显存占用峰值

细心的读者会注意到，这些API分为两类：reserved 和 allocated。reserved表示PyTorch实际预留的显存大小，但这些预留的显存不一定会立即使用；而allocated表示实际分配给张量的显存。因此，PyTorch预留的显存总量通常比实际使用的显存多，这正是我们在7.1节中提到的PyTorch显存池导致的结果。下面通过一个例子来验证：

```
1 import torch
2
3 t1 = torch.randn([1024, 1024], device="cuda:0")  # 4MB
4
5 shape = [256, 1024, 1024, 1]  # 1024MB
6 t2 = torch.randn(shape, device="cuda:0")
7
8 print(
9     f"PyTorch reserved {torch.cuda.memory_reserved()/1024/1024}MB, allocated
    {torch.cuda.memory_allocated()/1024/1024}MB"
10 )
11 # PyTorch reserved 1044.0MB, allocated 1028.0MB
12
```

那么在实际进行显存分析的时候，应该优先查看这4个API中的哪一个呢？实际上，在讨论显存优化时，我们通常专注于降低显存占用的峰值（peak memory）。所以torch.cuda.max_memory_reserved() 和 torch.cuda.max_memory_allocated() 是更为优先的指标。这主要是考虑到实际训练过程中会频繁触发显存的分配和回收，所以显存占用往往呈现波动状态，而很难维持平稳。因此将峰值显存限制在OOM的边缘，对于模型的高效平稳运行至关重要。

不过需要注意的是对于复杂的程序，单纯依靠PyTorch的API获取的显存占用数据可能不够准确，因为PyTorch占用的显存是NVIDIA-SMI 展示的是每个进程的显存占用的子集。如果程序使用了特定的第三方库，这些库可能直接通过CUDA API来分配和管理显存，而这部分显存使用只会在NVIDIA-SMI中显示，PyTorch的显存池可能无法识别。

举一个第8章分布式训练中的例子，PyTorch的分布式函数库在实现的时候，调用了NVIDIA提供的集合通信库NCCL[1]来完成GPU节点间的通信，而NCCL库会自己管理进程间通信所占用的显存。如图7-4所示，通过torch.cuda.memory_reserved()得到的PyTorch程序的显存占用，只是程序实际显存占用（NVIDIA-SMI显示）的一部分，这就需要我们提高警惕了。

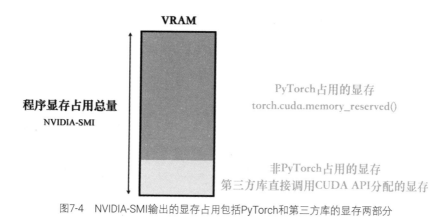

图7-4　NVIDIA-SMI输出的显存占用包括PyTorch和第三方库的显存两部分

7.2.2　使用PyTorch的显存分析器

除了7.2.1小节中使用API获得实时的显存占用信息以外，我们还可以利用PyTorch的torch.cuda.memory._record_memory_history() 和 torch.cuda.memory._dump_snapshot() 功能来绘制显存占用在训练过程中的变化曲线。

让我们直接通过如下代码的例子来展示如何绘制显存占用曲线。为了方便观察和分析，我们先用 torch.inference_mode() 来禁用所有与反向传播相关的额外显存分配操作，这部分内容在第6章单卡性能优化中有详细讨论。

1　https://developer.NVIDIA.com/nccl

```
1 import torch
2
3 torch.cuda.memory._record_memory_history()
4
5
6 with torch.inference_mode():
7     shape = [256, 1024, 1024, 1]
8     x1 = torch.randn(shape, device="cuda:0")
9     x2 = torch.randn(shape, device="cuda:0")
10
11     # Multiplication
12     y = x1 * x2
13
14 torch.cuda.memory._dump_snapshot("traces/vram_profile_example.pickle")
15
```

torch.cuda.memory._dump_snapshot() 会生成一个 vram_profile_example.pickle 文件，我们可以将其上传至 PyTorch Memory Visualization[1] 网站进行可视化，从而观察显存占用随时间的变化。在这个工具中，通常主要关注 Active Memory Timeline这一默认视图，它展示了显存的主要活动和占用情况。示例代码所绘制的显存占用图展示在图7-5中。为了便于观察，我们将张量的形状设定为 [256, 1024, 1024, 1]，使每个张量的显存占用都达到1 GB。在图中，每一个单色条幅都代表一个新的张量的显存占用，条幅的起点和终点也自然对应着显存的分配和释放。

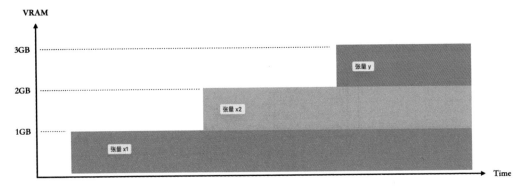

图7-5 PyTorch 显存占用图

通常，先分配的显存会显示在图像的下方，而后分配的显存则堆叠在上层。在此例中，深蓝和橘黄两个条幅分别对应于 x1 和 x2 张量的显存占用，而红色条幅则对应于 y = x1 * x2 计算过程中新分配出来的，用于存放临时结果的张量。

单击图中的任一条幅，可以查看触发相应显存分配的程序调用栈，从而了解该显存分配与哪些Python代码对应。如图7-6所示，单击红色条幅，可以发现此显存分配是由Python代码第12行触发的。

---

1 https://pytorch.org/memory_viz

```
python_variable_methods.cpp:0:torch::autograd::THPVariable_mul(_object*, _object*, _object*)
python_variable_methods.cpp:0:_object* torch::autograd::TypeError_to_NotImplemented_<&torch::autograd::THPVariable_mul>(_object*, _object*, _object*)
:0:vectorcall_maybe.constprop.0
:0:method_vectorcall_VARARGS_KEYWORDS
:0:slot_nb_multiply
??:0:PyNumber_Multiply
/user/ailing/EfficientPyTorch/chapter_8_memory/01_profiler.py:11 <module>
```

图7-6　触发显存分配的程序调用栈

通过对比源代码，第12行为 y = x1 * x2，确认了红色条幅代表了计算过程为输出张量 y 所分配的显存。

7.3 训练过程中的显存占用

7.2小节中我们学习了如何使用PyTorch显存分析器来绘制显存占用随时间的变化曲线，接下来让我们将这个技能运用到实践中。首先来借助显存占用图，分析一下完整的训练过程中，占用显存的因素都有哪些。

我们在图7-7中列出了训练过程中PyTorch的显存占用的主要分布。理论上显存占用主要分为两大部分：一部分是模型本身的静态显存占用，另一部分则是在计算过程中动态分配和回收的显存。

（1）**静态显存占用**：模型参数、优化器状态等固定显存占用。这部分显存占用与训练进度或者系统状态无关，在显存用量图像上表现为一条水平线。

（2）**动态显存占用**：模型训练过程中的临时显存占用，比如激活张量的显存占用。激活张量的定义比较宽泛，任何在训练过程中因为算子计算而产生的临时张量，原则上都可以称为激活张量。这些显存在训练过程中被动态分配和释放，通常在每轮训练结束时被清空。

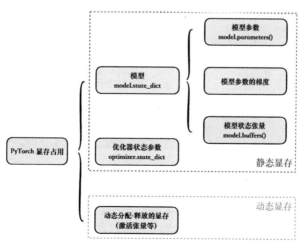

图7-7　训练过程中不同显存占用类型示意图

通常，静态显存占用与模型结构直接相关，可以通过调整参数形状或更改数据类型来调整其占用的显存大小，但这些改动可能会带来模型精度与收敛性的风险。除了模型参数、梯度以及激活向量外，另一个在训练过程中影响静态显存占用的因素是优化器，不同的优化器对显存的额外占用有很大差异。例如，SGD优化器并不需要额外占用显存。然而，当我们切换到 optim.Adam 时，情况就会发生变化。Adam 算法需要额外保存与模型梯度量相等的一阶和二阶矩估计，因此Adam优化器会额外占用相当于模型参数2倍的显存。这部分内容我们将在后面的章节中详细讨论。与此相比，动态分配的显存提供了更大的优化空间，且对模型的最终结果影响更加可控。因此，识别并理解训练过程中影响显存占用的各种因素对于显存优化至关重要。为了进一步验证这一点，先来观察纯前向推理过程中显存变化的规律，代码如下所示。

```
1 import torch
2
3 torch.cuda.memory._record_memory_history()
4
5 with torch.inference_mode():
6     shape = [256, 1024, 1024, 1]
7     weight = torch.randn(shape, device="cuda:0")  # (1)
8     data = torch.randn(shape, device="cuda:0")  # (2)
9
10     x = data * weight  # (3)
11     x = x * weight  # (4)
12     x = x.sum()
13
14 torch.cuda.memory._dump_snapshot("traces/double_muls_inference.pickle")
15
```

示例代码的显存占用图如图7-8所示。

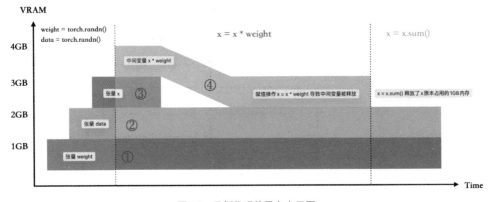

图7-8 示例代码的显存占用图

图7-8展示了前向推理过程中，显存占用随时间的变化情况，沿着横轴（时间维度）从左往右看：

（1）①号和②号两个条幅分别对应一开始创建的weight和data张量。

（2）③号条幅则对应x = data * weight为输出张量x分配的额外显存。

（3）④号条幅对应的 x = x * weight 计算中分配的中间变量。可以将其理解为先进行一步 temp = x * weight 的运算，然后再进行 x = temp 的赋值操作。这里 temp 就是需要分配的中间变量。

（4）当 x = x * weight 赋值完成后，③号条幅的张量不再参与后续计算，因此该内存被释放。

（5）当 x = x.sum()计算完成后，x指向一块新开辟的只有一个元素的内存，作为输入张量的④号条幅就也被释放了。

从这一分析中，我们可以得出显存占用的主要因素至少包括：

● 模型初始化时分配的显存，包括模型参数和输入数据。

● 前向过程中动态分配并随后回收的显存，涵盖算子的输入张量和算子的输出张量。

在图中常常可以看到一条如图7-9所示的折线，这种折线通常对应于算子的计算过程。在这个过程中，由于需要经常性创建算子的中间临时变量，显存会频繁地进行分配和回收，因此显存使用的峰值往往出现在某个特定算子的计算过程中。

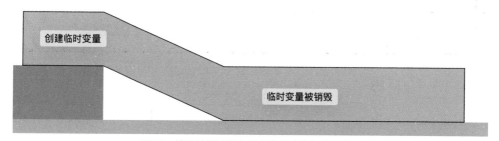

图7-9　算子计算过程中显存的创建和释放示意图

目前分析了前向传播的显存占用情况，然而这只是训练过程的前半部分。将反向传播和参数更新也加入进来，看看一个完整训练过程的显存占用是什么样子的：

```
 1 import torch
 2 import torch.optim as optim
 3
 4
 5 torch.cuda.memory._record_memory_history()
 6
 7 shape = [256, 1024, 1024, 1]
 8 weight = torch.randn(shape, requires_grad=True, device="cuda:0")
 9 data = torch.randn(shape, requires_grad=False, device="cuda:0")
10
11 x = data * weight
12 x = x * weight
13 x = x.sum()
14
15 torch.cuda.memory._dump_snapshot("triple_muls_fwd.pickle")
16
17 optimizer = optim.SGD([weight], lr=0.01)
18 optimizer.zero_grad()
```

```
19
20 x.backward()
21
22 optimizer.step()
23
24 torch.cuda.memory._dump_snapshot("traces/double_muls_full.pickle")
25
```

图7-10展示了对整个训练过程显存分析的结果。可以看出，整个训练过程主要分为两个部分：左侧的前向推理和右侧的反向传播。

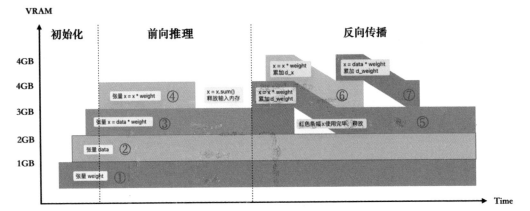

图7-10　完整训练过程的显存占用图

首先观察左侧前向推理的部分。与纯前向推理的图7-8相比，可以注意到红色条幅在此过程中的存在时间更长，一直持续到反向传播的中段才结束。红色条幅代表 x = x * weight 中临时输出变量的显存，没有在运算结束后立刻释放的原因在于， x = x * weight 里的乘法算子需要保存输出张量的数值以进行反向计算，所以这个临时变量被保存到了反向算子的成员中（见下述公式）。除了红色条幅的生命周期以外，前向部分的显存占用情况与图7-7大致相同。

$$[MulForward]out = x * y$$

$$[MulBackward]d_x = d_{out} * y$$

$$[MulBackward]d_y = d_{out} * x$$

在反向传播的部分，显存随时间的变化主要有：

（1）创建并计算weight的梯度张量d_weight（⑤号条幅）。

（2）创建并计算中间变量x（即③号条幅 x = data * weight)的梯度张量（⑥号条幅）。

（3）③号条幅即中间变量x的值使用完毕后内存随即被释放。

（4）计算x = data * weight的反向传播，由于只有weight需要梯度而data不需要，因此仅需计算当前的d_weight（⑦号条幅）。

（5）由于深蓝色条幅和棕色条幅都是weight的梯度张量，对同一变量的梯度是累加的，因此深蓝色条幅被累加到棕色条幅后随机被释放。

上面提到的张量x便是常见的动态分配激活张量。由于动态分配的显存冗余度较大，优化这部分显存对模型训练收敛性影响风险较低，是优化的首选目标。同时，训练过程中显存占用的峰值通常出现在反向传播过程的某个反向算子的计算中。因此，当遇到内存溢出问题导致模型无法训练时，动态分配的显存是首先需要排查的关键点。

7.4 通用显存复用方法

7.4.1 使用原位操作算子

从前面小节的内存占用图中可以看到PyTorch的算子默认会创建一个新的张量来存储算子的计算结果。在后续的计算中，如果反向传播计算中需要用到该结果，其显存不会被立即释放。但是在张量很大的时候这些中间变量引起的线性增长的内存是很可怕的，因此，在编写PyTorch代码时，需要意识到，每增加一个张量运算通常都可能导致额外的显存占用。

在第3章中提到，PyTorch还提供了一系列的原位操作算子。这些算子的特点是它们直接对输入张量的显存进行修改，而不需要为输出张量分配额外的显存，从而显著降低算子调用的显存占用。下面的代码是一个简单例子，可以来说明这一点：

```
1 import torch
2
3 torch.cuda.memory._record_memory_history()
4
5 with torch.inference_mode():
6     shape = [256, 1024, 1024, 1]
7     weight = torch.randn(shape, requires_grad=True, device="cuda:0")
8     data = torch.randn(shape, requires_grad=False, device="cuda:0")
9
10    x = data * weight
11    mem = torch.cuda.memory_allocated()
12    x.sigmoid_()
13    print(f"使用原位操作产生的显存占用：{torch.cuda.memory_allocated() - mem}GB")
14    mem = torch.cuda.memory_allocated()
15    y = x.sigmoid()
16    print(
17        f"不使用原位操作产生的显存占用：{(torch.cuda.memory_allocated() -
   mem)/1024/1024/1024}GB"
18    )
19
```

```
20 # 使用原位操作产生的显存占用：0GB
21 # 不使用原位操作产生的显存占用：1.0GB
22
```

打印出来的结果显示，采用原位操作Sigmoid后直接节省了一个张量对应的显存占用（1 GB）。这种节省得益于原位操作算子直接对输入张量进行修改以存储输出结果，从而避免了额外显存的占用。

但是，在反向传播中使用原位算子需要特别小心，因为它可能会引发反向传播过程中的一些数值问题。

下面澄清一些常见的错误。首先，通过自动微分生成的反向算子通常不是原位的，这是因为在反向传播过程中使用原位操作容易导致数值错误。即使PyTorch允许用户为前向函数注册自定义的反向过程或使用 grad_hook，我们仍然不建议在自定义反向函数中使用原位操作。

如果在计算梯度时，反向传播算法依赖于前向传播中的某个张量，而这个张量被原位操作修改过，那么梯度的计算就可能出现错误。为了应对这种情况，PyTorch引入了一种基于版本的检查机制。每当张量的值通过原位操作发生改变，它的版本号就会增加。在进行反向传播时，如果发现所依赖的张量版本已经不是最新的，则会立即停止并抛出错误信息。这种机制确保了梯度计算的准确性和数据的一致性。例如，下面的代码演示了在使用sigmoid_后发生的错误：

```
 1 import torch
 2 import torch.optim as optim
 3
 4 shape = [256, 1024, 1024, 1]
 5 weight = torch.randn(shape, requires_grad=True, device="cuda:0")
 6 rand1 = torch.randn(shape, requires_grad=False, device="cuda:0")
 7
 8 x = rand1 * weight
 9 x.sigmoid_()
10 x.sigmoid_()
11 x = x.sum()
12
13 x.backward()
14
15 # 报错信息
16 # Variable._execution_engine.run_backward(  # Calls into the C++ engine to run
   the backward pass
17 # RuntimeError: one of the variables needed for gradient computation has been
   modified by an inplace operation:
18 #  [torch.cuda.FloatTensor [256, 1024, 1024, 1]], which is output 0 of
   SigmoidBackward0, is at version 2;
19 #  expected version 1 instead. Hint: enable anomaly detection to find the
   operation that failed to compute its gradient,
20 #  with torch.autograd.set_detect_anomaly(True).
21
```

这个例子中，连续使用两次sigmoid_操作导致了PyTorch报错，因为Sigmoid算子的反向算子依赖于输入张量的值，但是该张量在第二个sigmoid_操作被修改了。

```
1  # Sigmoid算子
2  out = 1 / (1 + exp(-x))
3
4  # Sigmoid反向算子
5  dx = dout * out * (1 - out)
6
```

综上所述，原位操作能够通过原位修改输入张量来减少训练过程中动态分配的显存，但其复杂的计算机制可能导致反向梯度计算错误。因此使用原位算子替换时需要谨慎一些，每次替换后运行一轮训练来检查是否引发梯度计算错误，也可以使用前面章节提到的torch.autograd.grad_check()进一步验证梯度计算的正确性。

7.4.2　使用共享存储的操作

7.4.1小节提到的原位操作，其本质是直接对同一个张量进行修改，从而不需要开辟额外的显存。但除此之外，也可以让张量共享同一块底层存储，同样也能达到节省显存的目的。

最常见的一个例子是张量的赋值操作，如下所示：

```
1  import torch
2
3  shape = [1, 4]
4  x = torch.ones(shape)
5  print("Initial x = ", x)  # Initial x =  tensor([[1., 1., 1., 1.]])
6
7  y = x
8  y.mul_(10)
9
10 print("Modified y = ", y)  # Modified y =  tensor([[10., 10., 10., 10.]])
11 print("Modified x = ", x)  # Modified x =  tensor([[10., 10., 10., 10.]])
12
```

在这段代码中，y和x虽然是两个变量，实际上会共享相同的内存空间。这意味着，如果你修改y中的任何数据，x中相应的数据也会发生变化，反之亦然。这是因为张量y只是张量x的一个别名或引用，而没有深度拷贝其数据。

除了赋值操作外，PyTorch还提供了视图（view）操作，与赋值操作中仅仅创建一个张量的引用不同，视图操作返回的是一个新的张量，该张量与输入张量共享底层的显存数据。这一部分在第3章PyTorch必备的基础知识中有详细的讲解。

下面通过一个tensor.view()的例子来看一下视图操作中显存的占用情况：

```
1  import torch
2
3  shape = [256, 1024, 1024]
4  t = torch.ones(shape, device="cuda:0")
5
6  print(f"Current memory used: {torch.cuda.memory_allocated()/1024/1024/1024}GB")
7  # Current memory used: 1.0GB
```

```
 8
 9  v1 = t.view(-1)
10  v1[0] = -1   # t[0][0][0]也被更新了
11  assert v1[0] == t[0][0][0] == -1
12  print(f"Current memory used: {torch.cuda.memory_allocated()/1024/1024/1024}GB")
13  # Current memory used: 1.0GB
14
15
16  v2 = t[0]
17  v2[0][1] = 2   # t[0][0][1]也被更新了
18  assert v2[0][1] == t[0][0][1] == 2
19  print(f"Current memory used: {torch.cuda.memory_allocated()/1024/1024/1024}GB")
20  # Current memory used: 1.0GB
21
```

可以看出，整个过程中没有发生额外的显存分配，只有一个张量对应的显存占用。总的来说，视图能够通过共享底层数据高效完成张量操作，避免了不必要的数据复制。但是，也正是因为它们共享底层数据，可能会导致数据被意外修改或产生副作用，因此在使用时需要格外注意。

7.5 有代价的显存优化技巧

我们在第6章单机性能优化中曾经讨论过，深度学习任务往往可以在模型精度、训练性能、显存占用以及分布式的通信带宽之间进行置换。延用这样的思路，本小节会着重讨论在单卡训练中如何置换其他指标来达到优化显存占用的目的，其中通信带宽置换显存占用的部分我们将在第8.4小节进行深入讨论。

7.5.1 跨批次梯度累加

在之前的讨论中，我们提到增加BatchSize主要是为了提高训练速度，但除了加速训练以外，BatchSize对模型的收敛性也有重要影响。特别是在尝试复现论文的工作时，如果使用的BatchSize和文章中差异过大，很有可能会影响复现效果。

如果受限于硬件资源，无法达到理想的BatchSize，可以通过牺牲一些训练速度来增加BatchSize，即使用**跨批次梯度累加**（cross-batch gradient accumulation）。这种方法的核心是降低优化器梯度更新的频率——通过累积多轮训练的梯度，最后再一起更新，从而实现增大BatchSize的效果。

比如，如果硬件最多支持 BatchSize = 128，但理想的大小是256，那么可以通过以下方式实现每两轮训练才更新一次梯度：

```
1 import torch
2 import torch.optim as optim
3
4 torch.manual_seed(1000)
5
6 N = 128
7 Total_N = 512
8 dataset = torch.randn([Total_N, 32, 1024], requires_grad=False)
9
10 weight = torch.randn([1024, 32], requires_grad=True, device="cuda:0")
11 optimizer = optim.SGD([weight], lr=0.01)
12
13 num_iters = int(Total_N / 256)
14 steps = 2
15
16 for i in range(num_iters):
17     # 模拟一个批次的训练
18     optimizer.zero_grad()
19
20     for j in range(steps):
21         offset = i * 256 + N * j
22
23         input = dataset[offset : offset + N, :, :].to(torch.device("cuda:0"))
24         y = input.matmul(weight)
25         loss = y.sum()
26
27         loss.backward()
28     optimizer.step()
29
30 print(weight.sum())
31 print(f"显存分配的峰值: {torch.cuda.max_memory_allocated()/1024/1024}MB")
32
33 # 输出:
34 # tensor(2096.2283, device='cuda:0', grad_fn=<SumBackward0>)
35 # 显存分配的峰值: 49.00048828125MB
36
```

BatchSize=256时的训练结果如下所示:

```
1 import torch
2 import torch.optim as optim
3
4 torch.manual_seed(1000)
5
6 N = 256
7 Total_N = 512
8 dataset = torch.randn([Total_N, 32, 1024], requires_grad=False)
9
10 weight = torch.randn([1024, 32], requires_grad=True, device="cuda:0")
11 optimizer = optim.SGD([weight], lr=0.01)
12
13 num_iters = int(Total_N / 256)
14 for i in range(num_iters):
15     optimizer.zero_grad()
16
17     offset = i * 256
18
19     input = dataset[offset : offset + N, :, :].to(torch.device("cuda:0"))
```

```
20      y = input.matmul(weight)
21      loss = y.sum()
22
23      loss.backward()
24      optimizer.step()
25
26  print(weight.sum())
27  print(f"显存分配的峰值: {torch.cuda.max_memory_allocated()/1024/1024}MB")
28
29  # 输出:
30  # tensor(2096.2275, device='cuda:0', grad_fn=<SumBackward0>)
31  # 显存分配的峰值: 81.37548828125MB
32
```

与 BatchSize=256 的结果进行对比,可以看到跨批次梯度累加的训练结果是几乎一样的,但是显著降低了显存使用的峰值(从81.375MB变为49MB)。这种技巧虽然会减慢训练速度,但在硬件资源受限的情况下,它是少数能够实现突破BatchSize上限的方法之一。这个技巧不仅能用在复现论文模型中,使用更大的BatchSize对于模型的收敛速度也会有所帮助。

7.5.2 即时重算前向张量

在前面小节中,我们提到了某些反向算子需要使用前向传播的张量作为输入。这时PyTorch通常会将该前向张量直接存储到反向算子中,以便在反向传播时使用。显然这会导致这些前向张量无法被释放,持续占用显存直到相应的反向计算完成为止。这对显存峰值的影响非常之大,在一些大型模型中这甚至会导致多一倍的显存占用。

那么有没有可能不预先存储这些前向张量呢?可以通过torch.utils.checkpoint接口来做到这一点,它允许在反向传播时重新计算这些前向张量,而不是直接存储它们。但这种方法的副作用是重新计算张量的时间开销很大,因为它实质上是以计算时间换取显存空间。

这里给出一个例子展示使用torch.utils.checkpoint前后的对比[1],可以看到是否使用torch.utils.checkpoint对计算结果是没有影响的,但是使用torch.utils.checkpoint显著降低了显存占用的峰值,由936MB下降到了629MB。

```
1  import torch
2  import torch.nn as nn
3  from torch.utils.checkpoint import checkpoint_sequential
4
5  model = nn.Sequential(
6      nn.Linear(1000, 40000),
7      nn.ReLU(),
8      nn.Linear(40000, 1000),
9      nn.ReLU(),
10     nn.Linear(1000, 5),
11     nn.ReLU(),
12 ).to("cuda")
```

---

1   该示例从https://github.com/prigoyal/pytorch_memonger/blob/master/tutorial/Checkpointing_for_PyTorch models. ipynb改写而来

```
13
14  input_var = torch.randn(10, 1000, device="cuda", requires_grad=True)
15
16  segments = 2
17  modules = [module for k, module in model._modules.items()]
18
19  # (1). 使用checkpoint技术
20  out = checkpoint_sequential(modules, segments, input_var)
21
22  model.zero_grad()
23  out.sum().backward()
24  print(f"使用checkpoint技术显存分配峰值:
        {torch.cuda.max_memory_allocated()/1024/1024}MB")
25  # 使用checkpoint技术显存分配峰值: 628.63671875MB
26
27  out_checkpointed = out.data.clone()
28  grad_checkpointed = {}
29  for name, param in model.named_parameters():
30      grad_checkpointed[name] = param.grad.data.clone()
31
32  # (2). 不使用checkpoint技术
33  original = model
34  x = input_var.clone().detach_()
35  out = original(x)
36
37  out_not_checkpointed = out.data.clone()
38
39  original.zero_grad()
40  out.sum().backward()
41  print(f"不使用checkpoint技术显存分配峰值:
        {torch.cuda.max_memory_allocated()/1024/1024}MB")
42  # 不使用checkpoint技术显存分配峰值: 936.17431640625MB
43
44  grad_not_checkpointed = {}
45  for name, param in model.named_parameters():
46      grad_not_checkpointed[name] = param.grad.data.clone()
47
48
49  # 对比使用和不使用checkpoint技术计算出来的梯度都是一样的
50  assert torch.allclose(out_checkpointed, out_not_checkpointed)
51  for name in grad_checkpointed:
52      assert torch.allclose(grad_checkpointed[name], grad_not_checkpointed[name])
53
```

通过这种方式虽然可能会降低训练速度，但节省下来的内存可以允许我们跑更大的模型或者BatchSize，读者可以根据实际情况在性能和显存之间进行平衡。

7.5.3　将GPU显存下放至CPU内存

在深度学习训练中，GPU通常是最宝贵的资源，这尤其体现在二者存储空间的对比，一般来说GPU的显存容量要比CPU的内存容量小不只一个量级。为了节省宝贵的GPU显存，一种常用的策略是将数据默认存放在内存里，而只在有需要时才临时加载到显存中。这本质上是牺牲了内存和性能来换取显存。要转移到CPU的具体内容也与模型结构直接相关：

- 模型参数下放：当模型太大而无法完全装入显存时，可以将部分模型参数、优化器参数暂时存储在内存中。在训练过程中，只在有需要的时候临时加载到显存里，计算完成后马上从显存中移除。
- 激活张量下放：训练过程中产生的所有激活张量默认存储在内存中，只在需要参与计算时才加载到显存里，计算完成后将所有激活张量再次存放回内存。

为了展示效果，下面尝试用简单的代码来实现上述动态下放 – 加载的技巧。在这个例子中模型的参数量要超过24GB，所以如果不将其下放到内存中，则在RTX 3090（24GB显存）等家用显卡上一定会发生显存溢出的错误。

如果把模型的 layer1 和 layer2 参数下放到内存中，而仅在运行时加载到显存，计算结束后立刻卸载，则该程序仅占用约 9.3GB 显存。不过很显然，动态下放和加载参数会对性能产生很大伤害，但这也是在显存有限时无奈的折衷。

```python
import torch
import torch.nn as nn


class LargeModel(nn.Module):
    def __init__(self):
        super(LargeModel, self).__init__()
        self.layer1 = nn.Linear(50000, 50000)
        self.layer2 = nn.Linear(50000, 50000)

    # OOM on a GPU with 24GB
    # def forward(self, x):
    #     x = self.layer1(x)
    #     x = torch.relu(x)
    #     x = self.layer2(x)
    #     x = torch.relu(x)
    #     return x

    def forward(self, x):
        self.layer1.to("cuda")
        x = self.layer1(x)
        x = torch.relu(x)
        self.layer1.to("cpu")

        self.layer2.to("cuda")
        x = self.layer2(x)
        x = torch.relu(x)
        self.layer2.to("cpu")
        return x


model = LargeModel().to("cuda")
input_data = torch.randn(10, 50000).to("cuda")
output = model(input_data)

print(f"前向过程中GPU显存占用峰值:
{torch.cuda.max_memory_allocated()/1024/1024/1024}GB")
# 前向过程中GPU显存占用峰值: 9.328798770904541GB

loss = output.sum()
```

```
40 loss.backward()
41
```

从上面代码中可以看到，动态下放 – 加载的主要性能瓶颈是CPU和GPU之间的数据传输。如果数据传输不够高效，则一定会对性能产生很大影响。因此需要在数据传输延迟和显存节约之间做好平衡。

PyTorch 和相关的生态系统（如NVIDIA的Apex库）提供了一些工具来帮助用户实现上述动态下放 – 加载资源的策略，以便在有限的资源下训练大型模型。长远来看，随着工业界模型规模越发趋于庞大，资源的动态下放 – 加载的重要性也会随之提高。

7.5.4　降低优化器的显存占用

7.2小节中曾提到，优化器往往也是显存占用的大头，这里主要来源有两个：一个是优化器内置的状态变量，另一个则是优化器进行参数更新时的运行内存占用。

通常状态变量的显存占用取决于所使用的优化器类型及其配置，例如对于一个参数量为15亿（1.5 Billion）的模型，使用float32类型存储时，其模型参数及梯度占用显存为 $1.5GB * sizeof(float) * 2 = 12GB$。如果使用Adam优化器，它的状态变量还会再占用12GB的显存。我们可以通过 optimizer.state_dict() 接口查看优化器为每个参数保存的状态变量。对于显存非常紧张的情况，选择占用额外显存较少的优化器，如SGD等，可以帮助快速突破显存瓶颈。当然切换优化器会对模型的训练曲线以及收敛性产生很大的影响，这就需要读者朋友自行平衡训练方法与显存资源间的关系了。

而关于优化器在进行参数更新时的显存占用，在第6章单卡性能优化中曾详细讲解过PyTorch优化器的不同计算模式，也就是 for-loop、for-each、fused 三种不同的实现方法。这三种方法本质上是在性能和显存之间寻找一种平衡，其中 for-loop 显存用量最少，当然代价是其性能也是三种模型里最差的。详细的讨论可以参考6.5.2小节。

如果愿意通过牺牲性能来换取较少的显存占用，调整优化器的工作模式是一个不错的选择。下面通过一个示例，来比较 for-loop 和 for-each 两种方法的显存使用情况：

```
1 import torch
2 import torch.optim as optim
3
4
5 # 模拟模型参数
6 def generate_params(device, shape):
7     params = [
8         torch.rand(shape, dtype=torch.float32, requires_grad=True,
   device=device)
9         for _ in range(6)
10    ]
```

```
11      return params
12
13
14  # 模拟模型运行
15  def run(params):
16      x = torch.rand(shape, dtype=torch.float32, device=device)
17      x = params[0] * x
18      x = params[1] * x
19      x = params[2] * x
20      x = params[3] * x
21      x = params[4] * x
22      x = params[5] * x
23      x = x.sum()
24      return x
25
26
27  # (1) 使用for-each进行参数更新
28  torch.cuda.memory._record_memory_history()
29  device = "cuda:0"
30  shape = [4]
31  params = generate_params(device, shape)
32  out = run(params)
33
34  optimizer = optim.Adam(params, lr=0.01, foreach=True)
35  optimizer.zero_grad()
36
37  out.backward()
38  optimizer.step()
39
40  torch.cuda.memory._dump_snapshot("traces/adam_foreach.pickle")
41
42  # (2) 使用for-loop进行参数更新
43  torch.cuda.memory._record_memory_history()
44
45  device = "cuda:0"
46  shape = [4]
47  params = generate_params(device, shape)
48  out = run(params)
49
50  optimizer = optim.Adam(params, lr=0.01, foreach=False)
51  optimizer.zero_grad()
52
53  out.backward()
54  optimizer.step()
55
56  torch.cuda.memory._dump_snapshot("traces/adam_forloop.pickle")
57
```

　　显存占用图谱如图7-11和图7-12所示，我们可以看到使用for-each进行参数更新时，显存使用出现了一个巨大的金字塔形状，直到梯度更新结束才释放，这是因为for-each实现时会将所有梯度张量聚合在一起，所以计算时需要的临时张量自然也更大。而for-loop方式则呈现出类似前向、反向传播过程中的折线模式，这是因为for-loop每次只更新一个参数的梯度，所以临时张量也维持在较小的水平。

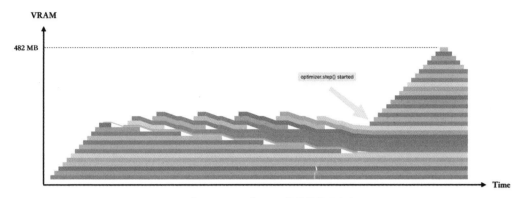

图7-11　使用for-each的Adam优化器的显存占用图

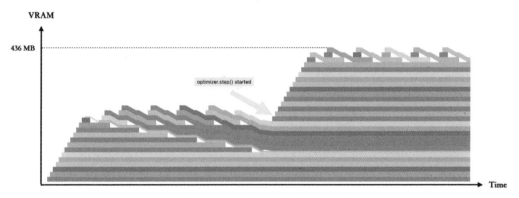

图7-12　使用for-loop的Adam优化器的显存占用图

7.6 优化Python代码以减少显存占用

　　PyTorch是基于Python构建的深度学习框架，所以包括张量、模型在内的所有PyTorch数据结构，其生命周期都要受到Python的管理。Python的**垃圾回收**（garbage collection）策略主要依赖于变量的引用计数，每当变量的引用计数降低为零时Python会自动回收其资源。然而Python的语法特点不能完全避免**循环依赖**的产生，这在复杂的Python代码仓库中尤其常见，这时构成循环依赖的变量引用计数永远不会降低至零，会显著延缓相应资源被释放的时机。

　　若您的PyTorch程序中的张量或模型未能及时析构，这很可能是由Python的垃圾回收机制而非PyTorch本身所引起。本节将详细介绍Python的垃圾回收机制，并指出一些常见的，可能导致张量或模型延迟析构的场景。

7.6.1 Python 垃圾回收机制

大多数高级编程语言都存在垃圾回收机制，其核心是判定变量何时不再被使用并释放其资源。学习垃圾回收算法通常关注两个方面：一是如何判定一个变量为垃圾，二是这个检测的触发时机。

Python存在两层垃圾回收机制。第一层机制通过引用计数来判定变量是否为垃圾。简单来说，一个变量每被使用一次，其计数增一；每次使用完毕，计数减一。这个机制听起来简单，但其实现细节相对复杂，涉及编译器层面对不同Python语法的处理，我们就不展开讨论了。

每当变量引用计数发生变化时，都会触发检查。当检查到变量的引用计数降至零时，Python会立即触发该变量的析构，这就是第一层垃圾回收的完整机制。然而，一旦出现相互之间循环引用的变量时，它们的引用计数永远不会下降到零，这就不是第一层垃圾回收机制能够解决的问题了。为此，Python又引入了第二层循环垃圾回收机制。

循环垃圾回收机制实现了检测循环依赖的算法，能够打破循环依赖对引用计数造成的破坏。该机制的触发时机是不固定的，它依赖于自上次垃圾回收以来分配的新变量数量。实际上，该机制还包括变量年龄组和不同的阈值设置，但这些细节已经超出了本章讨论范围。我们只需要知道循环垃圾回收机制的触发频率不高，不能保证资源被即时释放掉。

总结来说，Python的垃圾回收机制主要依赖变量的引用计数来判断是否回收其资源，同时存在另一套循环垃圾回收机制作为补充。然而循环垃圾回收机制的触发频率很低，不是可以依赖的、稳定的回收机制。所以在实践中，我们还是要从Python代码的写法入手，尽可能避免产生循环依赖等难以释放资源的情况。

7.6.2 避免出现循环依赖

循环依赖问题是PyTorch中资源未能及时释放的主要原因之一。一般而言，如果变量的引用计数能正常降至零，Python的垃圾回收机制会立即回收该变量，避免资源占用。然而当循环引用发生时，就只有在第二层循环垃圾回收机制触发时才会回收相应的资源，导致长时间的冗余资源占用。

循环依赖常见于PyTorch编程中自定义Python类型的相互嵌套，特别是在子节点持有对父节点的引用情况。以下代码展示了这种情况：

```
1 import torch
2 import gc
3
4
5 class ParentModule(torch.nn.Module):
6     def __init__(self):
7         super(ParentModule, self).__init__()
```

```
 8            self.child = ChildModule(self)
 9            self.child_tensor = torch.randn(1024, 1024, device="cuda")
10
11
12  class ChildModule(torch.nn.Module):
13      def __init__(self, parent):
14          super(ChildModule, self).__init__()
15          self.parent = parent
16          self.parent_tensor = torch.randn(1024, 1024, device="cuda")
17
18
19  net = ParentModule()  # ParentModule 和 ChildModule 相互引用
20  print("Memory allocated: ", torch.cuda.memory_allocated(0))
21
22  del net
23  print("Memory allocated after delete: ", torch.cuda.memory_allocated(0))
24
25  gc.collect()
26  print("Memory allocated after gc: ", torch.cuda.memory_allocated(0))
27
```

　　循环依赖的另一个特点是，即便使用 del 命令手动删除变量，也不能立即释放其资源。我们需要通过 gc.collect() 手动触发循环垃圾回收机制，这时才能释放被卷入循环依赖的变量们，显存占用情况如下。

```
1  Memory allocated:  8388608
2  Memory allocated after delete:  8388608
3  Memory allocated after gc:  0
4
```

　　一些自定义的类型，如果持有了 model 也可能导致循环依赖。在PyTorch中，model 可以访问大多数模型相关信息，如参数配置和输入张量。为了使用方便，开发者可能会使用 self.model = model 等写法，让自定义类型持有 model 变量，从而方便随时访问。然而，一旦使用不当就会导致循环依赖：

```
 1  import torch
 2
 3
 4  class CustomLayer(torch.nn.Module):
 5      def __init__(self, model):
 6          super(CustomLayer, self).__init__()
 7          self.model = model
 8
 9
10  class MyModel(torch.nn.Module):
11      def __init__(self):
12          super(MyModel, self).__init__()
13          self.custom_layer = CustomLayer(self)
14
15
16  model = MyModel()
17
```

　　在这个例子里，正是由于 MyModel 持有了 CustomLayer，CustomLayer 又保存了相同的 MyModel 对象，所以产生了循环依赖。

7.6.3　谨慎使用全局作用域

除了循环依赖以外，全局作用域中的张量也是导致显存资源不能被释放的重要原因。与局部变量不同，全局变量的生命周期通常延续至程序结束，从而导致持续的资源占用，这是任何垃圾回收机制都不能解决的。

我们首先举一个使用局部变量的例子，局部变量 tensors 在函数 func 执行完毕后，其引用计数降至零，正确触发垃圾回收，释放显存，代码如下。

```
1  import torch
2
3
4  def func():
5      tensors = []
6      for _ in range(100):
7          tensors.append(torch.randn(100, 100, device="cuda"))
8
9      print("Memory allocated from function: ", torch.cuda.memory_allocated(0))
10     return
11
12
13 func()
14 print("Memory allocated: ", torch.cuda.memory_allocated(0))
15
16 # 输出：
17 # Memory allocated from function:  4044800
18 # Memory allocated:  0
19
```

然而，全局变量的处理则不同。全局变量包括定义在脚本最外层的变量、使用 global 关键字声明的变量等。这些变量的引用计数不会自动减少，导致其占用的资源无法被自动回收：

```
1  import torch
2  import time
3  import random
4
5
6  def train():
7      global input
8      input = torch.randn(100, 100, device="cuda")
9
10
11 train()
12 print("Memory allocated for input: ", torch.cuda.memory_allocated(0))
13
14 tensors = []
15 for _ in range(100):
16     tensors.append(torch.randn(100, 100, device="cuda"))
17 print("Memory allocated for tensors & input: ", torch.cuda.memory_allocated(0))
18
```

```
19 # time.sleep(1000000000000) 不管睡多久都不会释放的
20 # for i in range(100000000000): new_var = random.randint() 通过分配新变量触发垃圾回
   收, 也不会清理的
21
22 print("Memory allocated total: ", torch.cuda.memory_allocated(0))
23
24
25 # 输出
26 # Memory allocated for input:  40448
27 # Memory allocated for tensors & input:  4085248
28 # Memory allocated total:  4085248
29
```

在上述例子中，tensors 是定义在脚本最外层的变量，它持有的一组 torch.Tensor 占用的资源始终得不到回收，必须依赖手动清理。同理，使用 global 关键词声明的全局变量 input 也会出现相同的问题。因此输出结果显示，全局变量 input 和 tensors 的显存占用不会自动释放。

为减少全局变量造成的资源占用，我们只能手动清理这些变量，清理后显存占用才能降至零：

```
1 del tensors
2 del input
3 print("Memory allocated after cleaning: ", torch.cuda.memory_allocated(0))
4 # Memory allocated after cleaning: 0
5
```

7.7 本章小结

将本章介绍的所有显存优化方法总结在图7-13中。

在实践中，当我们着手对训练系统进行显存优化时，可以参考如下步骤：

（1）参考7.6小节的内容，排除代码中的低级错误。

（2）确定程序占用的显存总量。

（3）分析非PyTorch部分占用的显存比例，如果第三方库占用显存较多，则需要单独对第三方库进行显存优化。

（4）分析显存池预留显存的占比，如果缓存的显存过多，则需要 torch.cuda.empty_cache() 及时释放；如果无法释放则需要使用避免显存碎片化的技巧。

（5）利用显存图像分析显存峰值，确定显存峰值的位置，进而确定具体采用的优化方法。

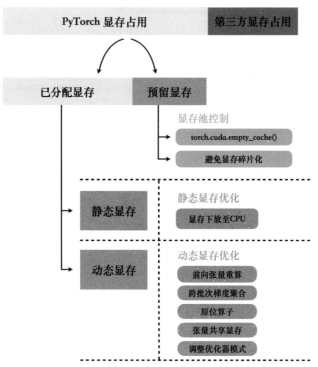

图7-13 显存占用的类型与优化方法总结

这其中第5步——通过显存图像确定显存优化方法，需要能够熟练运用本章介绍的优化技巧，同时也依赖一定的实际经验。因此我们在第10章GPT-2优化全流程中，会通过实际案例展示如何分析并定位显存瓶颈，并进一步确定需要采用的优化策略。

从图7-13中还可以看出，我们对静态显存的优化手段比较少，这是因为静态显存的优化技巧往往依赖多块GPU计算卡，这属于分布式训练的范畴。对于参数规模较为庞大的模型，只使用本章节介绍的显存优化技巧是不够的，我们还需要进一步参考第8章分布式训练中的显存优化策略，才能突破大模型的显存门槛。

08 分布式训练专题

在前面的章节中，已经详细讨论了如何优化单个GPU在训练时的显存占用和整体性能，以支持更大、更快速的模型运行。然而即使是当前最顶尖的GPU，在显存和计算效率方面也有很大的局限性——显存容量直接限制了模型的规模，而有限的计算效率则进一步限制了能处理的数据规模。目前单张GPU计算卡的能力已经远远跟不上数据集和模型规模的增长了，必须依赖多张GPU计算卡组成的分布式训练系统才能勉强达到大模型的训练门槛。

数据方面，常用数据集已经从过去的MNIST、COCO、ImageNet等百万级别的数据规模，发展到如今的Laion-5B、Common Crawl等十亿甚至百亿级别的数据规模了，这远远超出单个GPU在有生之年能够处理的数据量。因此，分布式系统的任务之一便是将这些庞大的数据分散到多个计算节点上进行并行处理，以此大幅提升训练的速度。

模型方面，模型的参数规模从过去Bert-Large的0.3B，发展到GPT-2的1.5B，甚至GPT-3的175B——这样的参数规模对显存的需求，远远超过了单个GPU的承载能力。因此分布式系统的另一个目标是将大型模型的计算切分到多个节点上，以减轻单个节点的显存负担，并通过整合各节点的计算结果来完成大模型的训练。这种方法有效地解决了单GPU的显存限制，使得训练大型模型成为可能。

如果把训练模型比作造火箭，每个GPU卡是一个生产车间。那么分布式系统主要解决两方面的问题：一方面要将一个完整的火箭拆分成大量细碎的零件，指挥不同车间生产不同的小零件，最后再整合成一个大火箭——这就是**模型并行**的思路；另一方面还要扩大产能，能够同时生产10个甚至100个火箭——这也就是**数据并行**的思路。

模型并行与数据并行是构成超大规模分布式训练技术的核心组件，这也是顶尖AI公司的重要护城河之一，是任何一家企业想要涉足大模型领域必须跨越的门槛。经过多年的高速发展，分布式训练技术在工业界逐渐成熟，可以给用户提供一些高度封装的接口。这些封装虽然大幅降低了使用门槛，但用户也失去了深入理解分布式训练底层机制的机会，更多是将其作为"黑箱"来使用。然而缺乏对分布式机制的深入理解，可能使我们难以灵活应对复杂的实际应用场景。例如，目前大部分模型结构并没有原生的模型并行支持，需要开发者从基础的进程通信接口自行实现。此外，面对性能瓶颈或计算错误等问题时，也必须依赖对分布式运行机制的深入了解来进行故障排查和问题解决。

本章将介绍主流的分布式训练策略和设计思路，通过简洁的代码示例清晰地阐述其核心概念，并讨论可能的性能瓶颈与优化方案。需要指出的是，分布式训练目前仍是一个活跃的研究和开发领域，实际应用中的代码复杂度极高。因此，本章不会深入复杂的实现细节，而是着重于阐明基本原理和思路，旨在帮助用户理解并分析各种技术的适用场景。

8.1 分布式策略概述

如前所述，面对庞大的数据量和模型参数量，分布式训练的核心思路就是"分而治之"。具体来说，如果数据量大，就拆分数据；如果模型规模过大，就拆分模型。随后将拆分后的小任务分配到不同的计算节点上独立处理，最后再将结果汇总来完成训练任务。这种方法的主要成本在于节点间的通信，即在各计算节点完成各自的计算任务后，通过网络交换数据来确保模型状态的一致性。

然而即使是相同大小的通信负载，其通信效率也会随场景不同而发生变化。在单机多卡场景中，多张GPU计算卡之间可以通过PCIe或者NVLink进行通信，效率较高；然而一旦涉及多机多卡场景，机器节点间只能通过网络进行通信，效率通常较低，这导致进程间通信迅速成为分布式训练的主要瓶颈。因此分布式训练的效率优化也主要围绕着如何尽可能降低和隐藏通信的时间开销这个核心思路展开。后续提到的所有分布式策略的性能优化，都只是这个思路在不同训练场景中的具体实现。

理解了分布式训练的核心思路，接下来让我们列举一些具体的分布式策略。读者可能在不同的论文或者框架中听到过许多并行策略，如数据并行、张量并行等，想要理解和区分这些专业名词实在令人头大。这里有一个小技巧，如果一个策略叫XX并行，也就意味着它是将XX切成了N个部分，每个部分分配到一个GPU上运行。举个例子，数据并行就是将一个大批次的数据切成N份，每个GPU运行一个小批次；模型并行就是将整个模型切成N份，每个GPU运行模型的一部分，以此类推，这样是不是就容易理解了呢？目前流行的分布式策略有很多种，主要分为切数据（data parallel）和切模型（model parallel）两个大的方向。不同策略的算法和实现差异较大，但不外乎两个出发点：

（1）用通信开销来置换更紧缺的资源。分布式系统中每新增一个节点会以额外通信开销为代价带来额外的显存和计算资源，但如何使用这些额外的资源至关重要。如果我们用通信来换取更大的数据处理并行度，从而加速训练过程，这就是数据并行的实现方式；而如果我们用通信来突破单卡的显存容量限制，使其能够处理更大规模的模型，这就是模型并行的策略。因此切分方式的选择主要取决于我们需要通过资源置换来解决的主要矛盾。图8-1揭示不同资源之间通过置换来突破显存或者并行度限制的典型方法。

（2）尽量隐藏通信开销。进程间通信和GPU计算使用不同的硬件单元，所以理论上是可以并行执行的。一个有效的设计方案是将通信过程与GPU计算过程进行重叠，以此来掩盖通信的时间开销并减少通信延迟。流水线并行（pipeline parallel）就是基于这个思路设计的分布式策略，它通过将上一轮训练的通信过程与当前训练的计算过程重合来减少通信过程对GPU计算的阻塞。

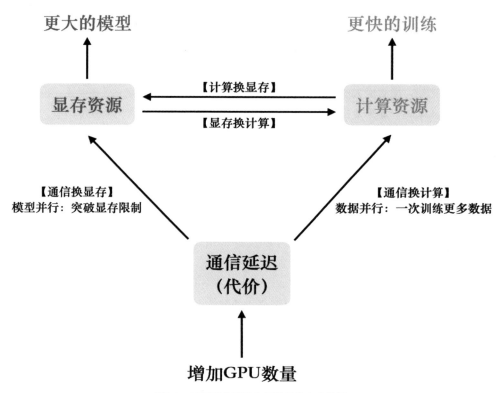

图8-1 不同硬件资源之间的置换方式举例

8.2 集合通信原语

我们一直强调通信在分布式训练中的重要性，读者可能对节点间的通信内容及其模式感到好奇。实际上不同的分布式策略会通信不同类型的数据，但是总体来说以张量数据为主，数据并行策略主要通信梯度张量，模型并行则会根据策略不同对模型参数、梯度、优化器状态和激活张量的通信都有可能涉及，这一点将在后续章节详细探讨。本节主要介绍分布式训练中的通信模式。本节将首先介绍常用的集合通信原语，再讲解如何根据分布式策略选取合适的通信原语。

当我们讨论通信时，通常首先会想到点对点通信，这是指两个节点之间的基本通信操作，比如发送（send）和接收（receive）。然而，在多节点环境中，除了简单的点对点通信，还涉及需要所有节点参与的集体通信操作，这些操作被归为一系列**集合通信原语**（collective communication primitives）。例如，**广播（broadcast）**操作是指一个节点向所有其他节点发送信息；而**聚合**（gather）操作则涉及从所有节点聚合信息到一个单一节点；此外还有同步（barrier）操作确保所有节点在继续执行前达到同一处理点等。

集合通信原语的使用能够极大地简化多节点协作的编程，使得我们可以在设计分布式训练算法时将通信机制与算法逻辑分离，因此它在各种分布式训练策略中得到广泛应用。本节将列举一些最常用的集合通信原语，帮助读者更好地理解后续的分布式训练策略。

首先，在图8-2左侧展示了简单的一对多通信如广播和**分发**（scatter）操作，这两个操作都是从一个节点向整个集群发送信息的操作，区别仅在每个节点收到的内容是整个数据还是数据的一部分。在图的右边则展示了与其对应的多对一操作即**归约**（reduce）和聚合操作。其中归约操作是广播操作的反向操作，而聚合操作是分发操作的反向操作。

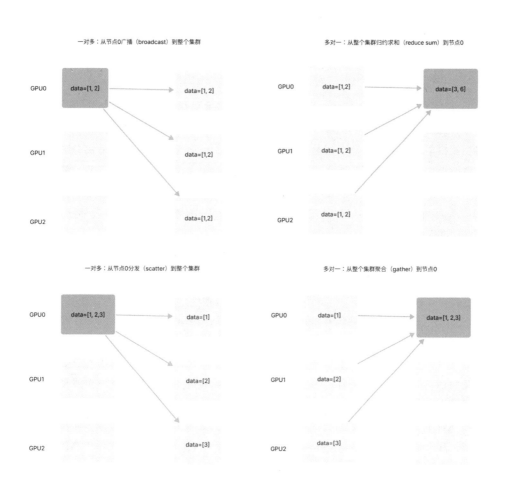

图8-2　一对多和多对一的通信原语示例

除此之外，如图8-3所示，集合通信中还有多对多操作，比较常用的有全局聚合（all

gather）和全局归约（all reduce）等。

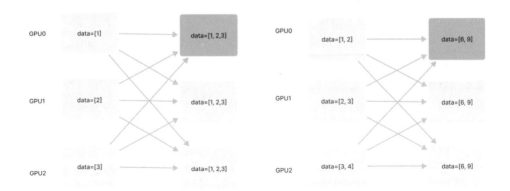

图8-3　多对多通信原语示例

在分布式训练中，通信原语的选择与并行策略息息相关，更准确地说是并行策略里切分和聚合的方式决定了要使用的通信原语。以数据并行算法举例，训练开始时，需要将初始模型参数从主节点（或参数服务器）分发到所有工作节点。于是我们选择使用broadcast操作，它可以高效地将初始模型参数传递给每个节点，确保所有节点都从相同的参数开始训练。在每一个批次数据处理完成后，我们需要同步和汇总每个节点上的梯度，从而确保模型参数经过梯度更新后仍然在所有节点上保持一致，于是选择使用allreduce进行梯度汇总。

而流水线并行将模型切分成了需要顺序执行的几个阶段，每个阶段的节点在计算完成后，通过send操作将结果发送到下一个阶段的节点，而下一个阶段的节点通过Receive操作接收数据。因此在这种对通信的控制更加细粒度的情况下，send/receive原语更为合适。需要注意的是在分布式计算中，有一些通信原语是等价的或者可以相互转换的，比如allreduce 与 reduce + broadcast， scatter + gather 与 allgather等，这些等价操作可以根据具体的需求和实现策略进行替换，以优化性能或简化实现。因此通信原语的选取是灵活的，需要根据硬件、性能需求和框架支持进行调整和优化，以实现高效的分布式训练。

虽然本书只介绍了常见的几种基础操作，分布式训练的特定策略中还会涉及更多通信原语，如全局广播（all-to-all broadcast）和归约分发（reduce-scatter）操作等。通常这些操作名字本身就能反映其功能，因此读者可以根据名称推测其行为。由于篇幅限制，这里不对所有原语进行详细列举。

8.3 应对数据增长的并行策略

为了应对大模型训练中的各种挑战，众多分布式策略层出不穷。对于普通开发者而言，如果直接从各种策略讲起难免有种盲人摸象的感觉，缺乏章法和系统性。因此本章从要解决的具体问题出发，逐一梳理当前主流的分布式策略，分析它们各自的适用场景和潜在局限，同时提供一些行之有效的分布式训练实践。通过本章的学习，希望读者能够对这些分布式策略的原理和特点有一个清晰的认识，并理解它们的优势和不足。

8.3.1 数据并行策略

当我们讨论使用大规模数据集进行训练时，通常指的是数据集中样本数量庞大，单个GPU处理可能非常耗时。为应对这一问题，数据并行策略应运而生，它是分布式训练中最常见的一种并行化策略。数据并行的核心思想很简单：如果一个人处理一组数据需要10分钟，那么分给10个人同时处理就只需要1分钟。这种策略与我们之前章节探讨的通过增加BatchSize来加速训练的方法相似。

数据并行的核心是在多节点并行处理的同时，确保各节点间模型参数的一致性。在采用数据并行策略时，如果有N个计算节点参与，则整批数据被平均划分为N份，每份由一个节点处理。每个节点都运行模型的一个完整副本，只处理分配给自己的数据批次。在模型参数更新前，系统将聚合所有节点上计算得到的梯度，以确保所有节点上的模型参数一致。实际应用中，每个节点的处理流程类似于单GPU训练，只在关键阶段进行通信操作，保证模型参数一致。图8-4展示了与单GPU训练相比，数据并行的分布式训练增加的步骤：

（1）模型初始化：为了确保所有节点上的模型参数保持一致，我们会采用broadcast操作，将**主节点（master node）**上的模型参数发送到其他所有节点。这样的操作保证了即便是随机生成的参数，各节点上的模型初始状态也是相同的。

（2）数据切分：在数据加载过程中，每个训练批次会被平均划分成N份，其中N代表参与计算的节点数量。

（3）梯度同步：在反向传播完成后，我们通过执行allreduce，将各节点计算得到的梯度进行求和，从而确保所有节点在更新模型参数时使用的是相同的梯度值。

节点0在初始化参数后，
通过广播原语将其发送给整个集群，
确保所有节点在初始化后参数是一样的

原本一个批次(B)的数据被切分称N份，
每个GPU仅需要加载和处理自己的小批次(B/N)的数据

每个节点计算出的梯度后需要调用全局归约通信，
确保所有节点获得了相同的梯度值，
而且这个梯度值是基于整个批次的数据样本的

模型初始化参数 → 数据加载 → 前向计算 → 反向传播 → 优化器更新模型参数

图8-4　基于数据并行的分布式训练流程

值得注意的是，在第3步中执行的allreduce默认阻塞所有计算节点，直到每个节点获取到一致的梯度值后才会进行模型的更新，这种通常被称为**同步的梯度聚合更新**。这也是为什么数据并行的算法效果与扩大BatchSize是等效的。除了同步更新外，还存在如参数服务器（parameter server）这样的**异步梯度更新**方法。虽然这种模式曾经在2018、19年一度风靡学术圈，但由于实际操作中容易损失精度，出现问题时复现和调试的难度也会显著增加，目前仅在少数场景中仍有应用，因此本书不对此进行详细讨论。

8.3.2　手动实现数据并行算法

在8.3.1小节中，我们提到了数据并行在传统单卡训练流程中添加了三个关键步骤。为了更深入地理解这一过程，本小节中我们将手动编写一个多GPU数据并行训练的简易实现。通过这种方式，我们可以更直观地掌握数据并行的基础原理，帮助开发者更好地理解背后的逻辑，从而在实际应用中更加灵活地运用数据并行技术。

首先从一个基础的单卡训练代码开始，该代码将作为后续引入数据并行策略的基础。为了简化问题，我们定义了一个仅包含三个线性层的模型，以及一个小型的随机数据集。按照第4.1.2小节的说明，我们固定了PyTorch的随机数种子，这样做可以保证输出的稳定性，便于后续与基于PyTorch的实现结果进行对比。

```
1  import torch
2  import torch.nn as nn
3  import torch.nn.functional as F
4  from torch.utils.data import DataLoader
5
6  from common import SimpleNet, MyTrainDataset
7
8
9  def train(model, optimizer, train_data, device_id):
10     model = model.to(device_id)
11     for i, (src, target) in enumerate(train_data):
12         src = src.to(device_id)
13         target = target.to(device_id)
14         optimizer.zero_grad()
```

```
15          output = model(src)
16          loss = F.mse_loss(output, target)
17          loss.backward()
18          optimizer.step()
19          print(f"[GPU{device_id}]: batch {i}/{len(train_data)}, loss: {loss}")
20
21
22 def main(device_id):
23      model = SimpleNet()
24
25      optimizer = torch.optim.SGD(model.parameters(), lr=1e-2)
26
27      batchsize_per_gpu = 32
28      dataset = MyTrainDataset(num=2048, size=512)
29      train_data = DataLoader(dataset, batch_size=batchsize_per_gpu)
30
31      train(model, optimizer, train_data, device_id)
32
33
34 if __name__ == "__main__":
35      device_id = 0
36      main(device_id)
37
```

接下来，我们将对上述代码进行逐步修改，以实现单机多GPU的数据并行训练。假设我们计划使用N=world_size张GPU进行协同训练，具体的修改步骤如下，每一步对应的代码改动在图8-5中有清晰的标注：

（1）数据分割：将整个数据集平均分成 *N* 份，每个GPU负责处理一份。为了简化操作，这里直接采用了PyTorch的DistributedSampler工具，它可以确保每个GPU获得独一无二且互不重叠的数据子集，这对提升模型训练的效率和确保训练过程的公平性极为关键。

（2）多进程启动和管理：为了在多张GPU上进行协同的分布式训练，我们需要初始化多个独立的进程，每个进程分别负责一个GPU的计算任务。这些进程会进行必要的通信，确保它们之间能够协作和保持同步。本质上这一过程就是将单GPU训练的模型和代码复制到各个GPU上，让每个GPU并行处理其分配到的数据片段。训练完成后，这些进程将被关闭并回收，从而结束整个程序的执行。torch.multiprocessing模块提供了便捷的函数来启动这些进程。

（3）初始化分布式通信组：为了方便后续的集合通信，所有进程将被添加到同一个通信组中。在这个组中，每个进程都会被分配一个唯一的编号（rank），这有助于区分不同的进程。每个编号的进程负责一个特定的GPU，例如，rank=0的进程将使用GPU 0，rank=1的进程将使用GPU 1，依此类推。这种设置确保了每个进程可以高效地进行独立操作和进程间的通信。

（4）初始化模型参数并同步：每个进程分别初始化模型，训练开始前由编号为0的节点将模型的初始参数同步到整个集群。

（5）梯度同步：每个进程在自己管理的GPU上独立进行训练的前向传播和反向传播。在进行梯度更新之前，所有进程通过allreduce同步梯度数值，以保证更新的一致性。

图8-5 手动实现的数据并行算法与单卡训练代码的对比

可以看到，实现基本的数据并行功能需要注意一些细节，如单卡BatchSize和全局BatchSize的区别、各节点间数据分配需要互不重合、多个GPU聚合的梯度取平均值的时机等，但是其步骤相对简单直观。但在大规模分布式训练中，仅仅让系统运行起来还远远不够，效率也是至关重要的一部分。那么我们实现的数据并行策略在性能上表现如何呢？

8.3.3　PyTorch的DDP封装

在8.3.2小节中，我们通过手动实现数据并行算法来揭示其内部机制，使读者能够明白其关键实现步骤。然而，把功能实现出来虽然简单，想要实现高性能其实比我们设想的要更复杂。接下来分析8.3.2小节中编写的代码的性能特点，寻找性能优化的机会。如图8-6所示，在使用PyTorch Profiler收集完性能数据后，可以发现GPU通信对GPU计算任务造成了阻塞，而这里总共包含两个性能问题：

（1）模型中的每个参数张量都进行了一次单独的allreduce操作。在大规模模型中，通常存在成百上千个参数张量。如果在梯度聚合过程中，对每个参数梯度进行单独的allreduce通信，通信操作的启动和结束的开销会非常大。

（2）所有allreduce操作一直等待所有层的反向传播完成后才开始执行。然而以模型中的fc3算子为例，实际上在该层完成反向传播之后，我们就可以立即对fc3的参数梯度进行归约操作，而无须等待整个模型的反向传播完全结束。

图8-6　手动实现的数据并行程序的性能图谱

上图：通信区域的性能图像｜下图：上图中蓝圈区域的放大

实际上，性能优化的机会远不止上面提到的两点，但手动实现这些优化措施相当烦琐且非常容易出错。因此，这里就要提到PyTorch的DistributedDataParallel（DDP）以及基于它开发的如accelerate这类高级封装工具。

与8.3.2小节中的手动实现相比，使用DDP来封装单卡训练代码进行数据并行变得更为简单。如图8-7所示，代码的修改少了一步，第4步使用DDP封装原本的单卡模型后就可以替代管理分布式训练的参数广播和梯度同步，免了用户手动调用通信操作的麻烦。而且通过对比打印的loss值，读者可以验证手动实现的版本与基于DDP封装的运行结果是完全一致的。

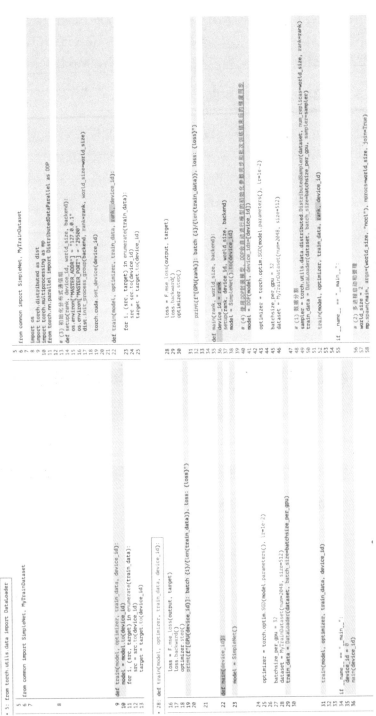

图8-7　手动实现的数据并行与基于PyTorch DDP的实现对比

　大模型动力引擎——PyTorch性能与显存优化手册

更进一步，使用torch.profiler对基于DDP的代码进行性能分析（图8-8），我们注意到基于DDP的实现自动进行了上面的提到的两个优化：

- 分组传输：为了减少每个参数独立进行allreduce操作所带来的通信开销，可以利用分组传输（Bucketing）技术。该技术自动将模型中的所有算子参数分成几个组，每组的参数梯度被合并成一个较大的张量后再执行通信。这样，每组内的梯度计算完成后只需执行一次通信操作，从而大幅降低了通信次数，提高了训练效率。
- 重叠计算和通信：梯度计算较早完成的组会优先启动通信操作，这一过程与后续层的梯度计算重叠，从而大幅减少了由通信引起的延迟。

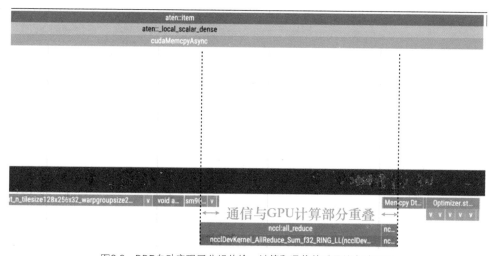

图8-8　DDP自动实现了分组传输、计算和通信的重叠等多种优化

总体而言，用户只需对训练代码做出少量修改，便能在多个GPU上高效地并行执行训练任务，这也是我们在日常开发中推荐优先采用DDP等高级封装的原因。不过在复杂的大规模训练场景中，除了DDP已提供的通用优化措施外，可能还需要根据具体的硬件配置和实际需求进行定制化的优化。以下是一些可供参考的优化策略：

- 降低通信量：通过梯度压缩技术减少传输数据量，例如量化、稀疏化或低秩近似，从而降低通信成本。
- 拓扑感知策略：根据计算节点的网络拓扑结构设计更高效的通信操作，优化数据传输过程。

这些策略有助于减少训练过程中的通信瓶颈，提高分布式训练的总体效率。

8.3.4　数据并行的性价比

在实际开发中，一个常见的做法是首先在单机单卡环境下训练模型，并依照前面章节提到的方法对单卡的性能和显存进行优化。一旦单卡优化完成，训练过程便可以扩展到一台机器的多个GPU甚至多台服务器上。在这种情况下，无论是单机多卡还是多机多卡，代码的实现基本保持一致。简单来说，一个已在单卡上有效运行的程序只需要少量修改就可以适应单机多卡，经过进一步的简单调整后，也能用于多机多卡的环境，这对开发者而言几乎相当于"免费的午餐"。但是，这是否意味着仅通过增加更多的GPU就能持续提升训练速度呢？为了评估分布式系统的性能增益，在处理同样的数据量的前提下，我们可以使用**加速比**这一指标来进行衡量。

$$加速比 = \frac{单节点训练的执行时间}{N个节点分布式训练的执行时间}$$

没有额外通信开销的理想情况下，由 N 个节点进行数据并行可以比单节点训练快 N 倍，因此加速比就是N。不过这种线性增长的加速比只是一种美好的设想。随着节点数量的增加，节点间的通信量和通信次数通常也会相应增加[1]，这导致通信延迟逐渐增大。一旦增加节点带来的通信开销抵消了并行计算带来的好处，再扩展下去就得不偿失了。

由于通信开销不可避免且会随模型的大小而变化，需要仔细分析通信开销在整个训练过程中所占的时间比例，这样才能更准确地把握并行加速的实际上限。虽然之前提到使用 torch.profiler 可以记录包括通信开销在内的性能图谱，但通信过程中的额外开销和等待时间可能导致这种方法不够直观。因此，我们可以利用一个巧妙的方法来间接测量通信开销。这种方法涉及使用 PyTorch 的 DistributedDataParallel 模块中提供的 register_comm_hook() 接口，通过这个接口，我们可以将 DDP 中默认的节点通信函数替换为自定义函数，从而获取更精确的通信开销数据。

为了分析通信开销的大小，需要通过 register_comm_hook() 注册一个 noop_hook 函数——也就是不进行节点通信，然后对比注册前后每轮训练时间的变化，就可以得到粗略的通信时间了。注册的代码示例如下所示：

```
1 from torch.distributed.algorithms.ddp_comm_hooks.debugging_hooks import
  noop_hook
2
3 model.register_comm_hook(None, noop_hook)
4
```

例如，上面的DDP示例在注册 noop_hook之后，训练时间仅下降了不到5%，这就表明系统性能的限制因素并非主要是通信开销。这个技巧可以使我们迅速了解通过优化通信所能达到的性能提升上限。

其次，**随着节点数量的增加，系统中任何不稳定的组件的负面影响也会相应放大**。例如，如果采用同步方式进行梯度聚合更新，系统将不得不等待最慢的计算节点完成，从而导致资源的浪费成倍增加。此外当节点数量增多时，整个分布式系统出现故障的概率将会显著提高。据供应商统计，家用GPU的故障率在0.2%～0.7%之间[2]。我们不妨再保

1　比例取决与具体的通信操作及其采用的算法

2　https://www.pugetsystems.com/labs/articles/most-reliable-pc-hardware-of-2021-2279/

守一点，假设单个计算卡的故障率为千分之一，当上升到千卡甚至万卡级别的训练集群时，GPU节点出现硬件故障几乎是日常现象，这会对分布式训练系统的容错性提出巨大的挑战。这些因素在设计和运行大规模的分布式训练时都需要纳入考虑范围。

除了通信开销以外，分布式系统还会带来额外的显存占用，这与通信部分的实现细节有关。例如，分组传输技术本质上就是一种用显存来换取性能的优化方法，它通过将小的通信请求合并，减少通信次数，但也就不可避免地需要占用额外的显存来存储这些合并后的数据。在通信的底层实现（如NCCL库）中，为了提高性能，同样会分配额外的显存作为缓冲区。因此在单卡上勉强可以支持的BatchSize，升级到分布式训练后可能会触发显存溢出错误，这也是正常的现象。读者可以通过适当调整DDP参数或NCCL的环境变量来缓解这一情况，从而在显存占用和通信性能之间找到一个平衡点。

8.3.5　其他数据维度的切分

读者可能已经注意到，前面几个小节中提到的数据并行算法，对数据的切分全部都是沿着BatchSize维度。然而，对于文本、视频等长序列数据，其序列长度（sequence length）也会对训练性能和显存占用产生很大影响。一个典型的例子是基于Transformer的大型语言模型在处理超长文本时，由于其自注意力机制，中间变量所需的显存会随序列长度的增长而成平方级的增加，这很容易超过单个GPU的显存容量。因此，除了数据并行之外，还可能需要采用序列并行（sequence parallel）、上下文并行（context parallel）等策略来处理单个样本中的长序列。

本节重点并非探讨针对特定模型结构的并行策略，鉴于模型结构的快速演变，这些策略的适用性远不及数据并行那样广泛。相反，我们更加关注分布式系统处理大规模数据集时的核心思想——如何根据数据的不同维度，如样本量、样本长度等，选择合适的切分方式。这有助于读者根据自己的数据特性和模型需求，选取最恰当的并行策略。

8.4 应对模型增长的并行策略

在8.3小节中探讨了为了应对数据集规模的快速增长而开发的数据并行策略，而这一小节则介绍应对模型参数规模增长的分布式方法。模型参数规模的增长带来的挑战主要在显存方面，因此我们的核心目标是将总的显存用量分散到不同的计算节点，从而降低单卡的显存压力。

深度学习训练过程中的显存峰值是动态显存峰值与静态显存占用的总和。在7.3小节也介绍过静态显存和动态显存的概念，但是第7章介绍的大部分显存优化技巧比如即时重算都是围绕动态显存优化展开的，这是因为单卡并不具备优化静态显存的条件——只有显存下放到CPU（offloading）是优化静态显存占用的方法。

然而对于分布式训练系统而言，静态显存和动态显存都有可以加速的优化点。一方面我们可以将模型参数、优化器状态等固定的显存占用切割到不同的计算节点上，降低单卡上的静态显存占用。另一方面我们也可以将激活张量等数据分割到不同的计算节点上，降低单卡上的动态显存占用。动态显存、静态显存在单卡以及分布式系统中的优化方法对比，如表8-1所示：

表8-1 单卡和分布式训练中降低显存的方法分类

	单卡训练	分布式训练
降低静态显存方法	显存下放到CPU	ZeRO/FSDP
降低动态显存方法	即时重算	模型并行

显然，分布式系统对动态显存和静态显的切分有不同的讲究，在后续的小节中就让我们仔细分析一下它们在切分时的具体行为。

8.4.1 静态显存切分

静态显存如模型参数和梯度的使用模式是非常固定的，每层的参数只需在模型运行至该层时才需加载到GPU上。在模型运行其他层时，这些参数完全可以不占用宝贵的显存资源。在单卡环境中，这些显存只能下放到CPU。而在多GPU的分布式训练环境中，得益于NVLink或InfiniBand，GPU间的通信效率要远超GPU-CPU间的通信效率，因此我们可以将静态显存切成小块，每个GPU节点存储一小部分。当需要运行某一层时，可以通过GPU间的通信如all gather来收集完整的数据。因此，将静态显存分块存储在不同的GPU上，本质上是将持续占用显存的静态数据转变为动态的"按需分配"，从而有效降低单GPU显存占用的峰值。

在分布式训练中，静态显存的分块存储常作为显存优化手段与其他分布式策略结合使用。比如图8-9展示了一个涉及2个GPU的数据并行训练示例，我们可以把每一层的静态显存分为两部分，每个GPU节点存储一半。当计算到达这一层时，通过全局聚合通信聚集完整的参数，计算结束后这部分数据就可以被释放。

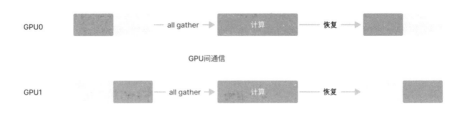

图8-9 静态显存切分示例

Deepspeed和Fairscale推出的ZeRO和FSDP策略均基于此思路开发，这两种策略思路十分相似，因此本书中简便起见以ZeRO代称。这些策略在传统数据并行的基础上实施了关键的显存优化措施：它们不再要求每个节点存储整个模型的所有静态显存，而是将这些静态显存分割并分配到各个GPU上，根据需要进行动态重新组合。以ZeRO策略为例，其显存切分实现了三个级别的优化：

- ZeRO-1：切分优化器状态分散到多个GPU上存储。
- ZeRO-2：切分梯度和优化器状态分散到多个GPU上存储。
- ZeRO-3：切分梯度、优化器状态和模型参数分散到多个GPU上存储。

ZeRO策略在PyTorch以及之前提到的Accelerate和Deepspeed框架中均有对应的实现，这使得普通用户可以通过少量代码修改启用这些功能。尽管如此，需要强调的是，虽然这些策略的基本思想很简单，但实现它们并高效运行涉及许多工程细节。这里我们不深入讨论这些实现细节，而是专注于分布式策略的讨论。有兴趣深入了解的读者，可以参考第10章GPT-2优化全流程中的代码示例。

下面我们来一起看一个例子，了解一下切分存储对降低显存占用的效果。为了简化问题，这里我们使用float32训练一个75亿参数的模型，并用Adam优化器来更新梯度。我们用 φ 来表示模型的参数总量（φ=7.5B）。首先考虑单卡GPU的情况，模型的参数和梯度均以float32格式存储，因此它们会各自占用4 φbytes 的显存。同时，Adam优化器需要在训练过程中额外保存一份float32格式的动量和方差状态量，因此Adam优化器的状态量会额外占用8φbytes的显存。如图8-10所示，该模型的静态显存就需要占用120GB，这已经远远超出了主流训练卡（如A100、H100）的80GB容量限制。

ϕ = 7.5B: 模型参数个数

模型参数（fp32）	4 * ϕ
模型梯度（fp32）	4 * ϕ
Adam动量状态（fp32）	4 * ϕ
Adam方差状态（fp32）	4 * ϕ
	= 16 bytes * 7.5B = 120GB

图8-10　一个7.5B模型的显存占用明细

假设我们有 N = 64 块 GPU 进行数据并行训练，在 ZeRO-1 阶段，优化器的状态量首先被分散存储到所有GPU中，此时单张GPU上的内存使用量骤降

到 $(4+4+8/64)*7.5 = 60.9\text{GB}$ 。

ZeRO-2 阶段进一步地将模型的梯度也分散存储,此时单张GPU上的内存使用量便是 $(4+(4+8)/64)*7.5 = 31.4\text{GB}$ 。

而 ZeRO-3 阶段将模型的参数也分散存储到 N 个节点,此时每张GPU的内存消耗只有 $(4+4+8)/64*7.5 = 1.875\text{GB}$ 。从单卡需要120GB到仅需不到2GB内存,这个优化效果是不是有点惊艳?不过需要再次强调的是,这样巨大的显存优化是有代价的,显存切分的程度越高,相应的通信开销也会增加。因此,根据实际需求合理地进行显存切分是非常重要的。

8.4.2 动态显存切分

静态显存切分能够大幅降低静态显存占用,粗略来说在有N张计算卡时能将静态显存占用降低到略高于 $\dfrac{1}{N}$ 的程度。然而如果动态显存占用同样非常庞大,那么只静态切分就不够了,这时我们就不得不考虑进一步切分动态显存了。**动态显存切分的关键在于将模型的不同部分分配到多个GPU卡上,每张卡负责处理模型的一部分,这样静态显存和动态显存都会被切分**,这类方法被称为**模型并行**。需要注意的是,关于模型并行的定义在不同的资料中尚未统一。在一些文献中模型并行和张量并行被视为同一个概念。因此,为了本书的清晰表述,我们将模型并行定义为所有将模型分割以进行并行计算的策略的统称。后续章节将讨论的流水线并行和张量并行,都是模型并行的特定形式。

由于深度学习模型的结构天然是一层一层连起来的,因此一个直观的切分方法是将不同的模型层分配到不同的GPU上,每个GPU只负责模型几个层的计算。例如,可以将神经网络的前几层放置在一个GPU上,随后的几层放在另一个GPU上,依此类推。这样,整个模型被分成几个阶段,阶段之间由通信串联起来,像一条流水线一样处理一批一批的数据,因此这种方法被称为**流水线并行**(pipeline parallel)。如图8-11所示一个模型共有7层,其中第4层的计算需求最大,其他层较小,我们可以在层间进行切分,如将前3层、中间1层和最后3层分别放到不同的GPU上进行处理,并通过节点通信将处理结果同步到下一个GPU中参与后续计算。

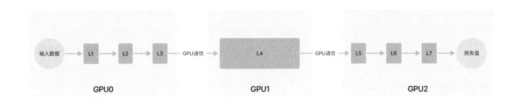

图8-11 流水线并行切分模型示例

下面来看一下流水线并行的性能影响因素。如图8-12所示，通过跟踪一个数据批次在模型中的处理过程，可以观察到由于处理顺序的依赖，数据必须依次在3个GPU中执行前向操作，随后按逆序依次进行反向操作，最终进行该批次的参数更新。图中可以观察到许多灰色的时间段，在这些时间里GPU处于闲置状态，等待下一批数据输入。我们将这些闲置时段称为"气泡"（bubble）。未经优化的流水线策略会导致大量的气泡时间，即GPU资源的闲置，这使得效率非常低。

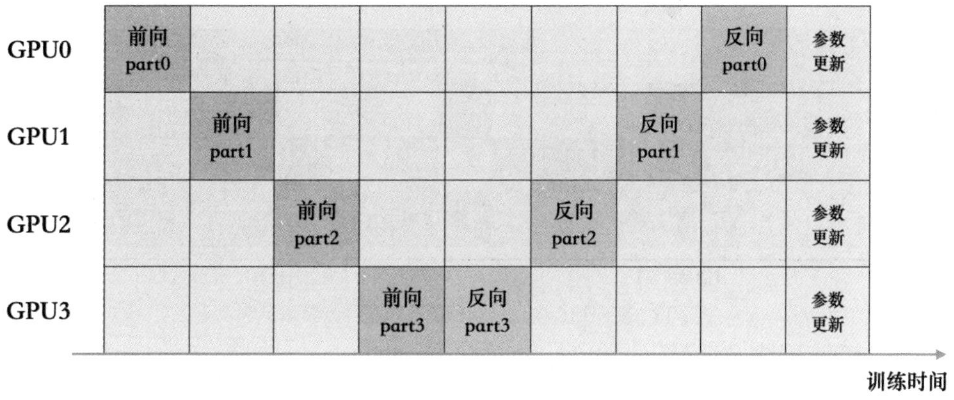

图8-12　一个数据批次在未经优化的流水线并行策略下的执行流程

为了提高效率可以将大的批次数据分为若干个小批次，每个节点每次仅处理一个小批次，这样在原先等待的气泡时间里就可以处理下一个批次的数据（Gpipe[1]）。甚至可以让每个节点交替进行前向和反向计算，这样可以尽早地启动反向运算的流水线，缩短中间节点的等待时间（PipeDream[2]）。比如图8-13展示了一个被划分成4个阶段的模型，每个阶段在一台GPU上运行。同时一个批次的数据也被分为4个小批次，依次从GPU0开始计算，逐步传播到GPU3并计算损失值，一旦GPU3完成了第一个小批次的前向传递，它立刻就会对同一个小批次执行反向传递，然后开始在后续小批次之间交替进行前向和反向传递。随着反向传递开始向流水线中较早的阶段传播，每个阶段开始在不同小批次之间交替进行前向和反向传递。如图8-13所示，在稳定状态下，每台GPU都持续进行计算任务，没有空闲时间。

1　https://arxiv.org/pdf/1811.06965.pdf

2　https://arxiv.org/pdf/1806.03377.pdf

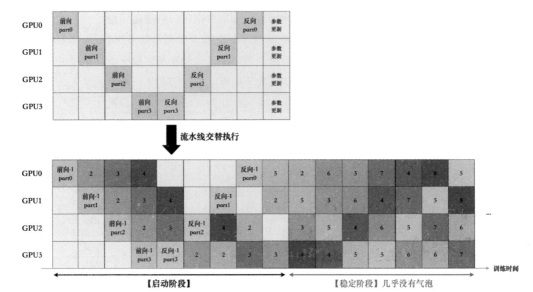

图8-13　前向和反向交替执行的流水线并行策略示例

虽然流水线并行的方法能有效地分割模型计算，但它也有很大的局限性，尤其是当模型中显存占用最大的层无法在单个GPU上运行时。例如，在大型语言模型中，一些大规模的矩阵乘法操作可能会超出单个GPU的显存容量，这时流水线并行就无法解决问题。在这种情况下，我们需要采用**张量并行（tensor parallel）**策略。这种策略主要是通过矩阵乘法的分块计算，实现单卡无法容纳的大型矩阵乘法操作。比如要实现下矩阵乘法 $Y = X \times W$，在参数矩阵 W 非常大甚至超出单张卡的显存容量时，我们可以把它在特定维度上切分到多张卡上，并通过all-gather集合通信汇集结果，保证最终结果在数学计算上等价于单卡计算结果。参数可以按列切块或者按行切块，这两种方式在数学上都与直接做 $Y = X \times W$ 等价。

这里我们用小矩阵来演示切分的过程。如图8-14所示，假设 X 是形状为4×2的输入矩阵，W 是形状为2×4的参数矩阵，那么输出 Y 的形状就是2×2。

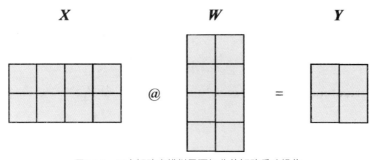

图8-14　用小矩阵来模拟需要切分的矩阵乘法操作

假设我们有2个GPU共同完成上述 $X \times W$ 矩阵乘法的运算，那么按列切分的计算如

图8-15所示——每个GPU会分配到一部分 **W** 的列向量，并计算输入张量和这些列向量的乘法，最后通过all gather操作收集所有结果后拼接在一起即可得到输出 **Y**。

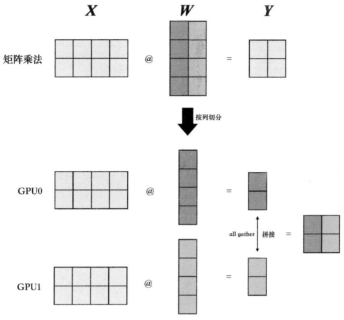

图8-15　按列切分的张量并行算法

按行切分的计算如图8-16所示，每个GPU会按行分配到 **W** 矩阵的一部分，并计算部分输入张量与部分 **W** 矩阵的乘法，然后通过all reduce操作对不同节点的计算结果求和得到 **Y**。

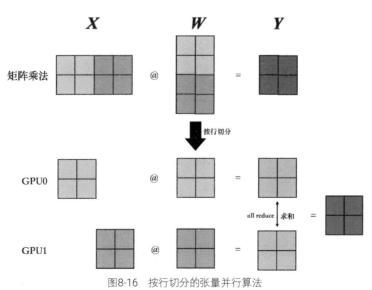

图8-16　按行切分的张量并行算法

与流水线并行能在多台机器协同训练不同，目前张量并行的应用范围存在较大局限性。这主要是因为张量并行需要传输大量数据，当这种传输需要通过网络设备跨机器进行时，受限的网络带宽会严重阻碍张量并行训练的效率。因此，张量并行通常只在配备了NVLink的单机多卡范围中使用。

8.5 本章小结

我们将前面提到的所有分布式训练策略的思路总结在图8-17中，方便读者对照理解。

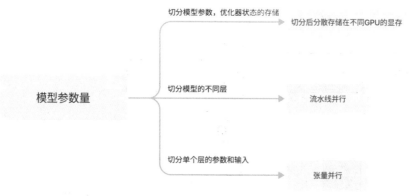

图8-17　分布式训练策略小结

值得注意的是，这些并行策略并不是互斥的，大部分可以组合使用。关键是要"好钢用在刀刃上"。因为不同策略的通信开销不同，我们需要确保通过这些策略节省的显存或增加的计算速度能最大程度地优化整体训练过程。综上所述，一个涉及分布式训练的开发流程示例如下：

（1）首先针对单卡性能进行优化，并尽可能最大化显存利用率。

（2）如果训练数据量变大，可以采用数据并行来加速训练过程。

（3）对于更大模型的训练，如果遇到显存溢出问题，可以考虑开启ZeRO或FSDP——二者在accelerate、DeepSpeed等框架中都有很完善的支持。

（4）如果模型规模进一步增大，可以尝试流水线并行或张量并行等模型并行策略。

（5）当模型规模极为庞大时，可能需要组合使用流水线并行、张量并行、数据并行和ZeRO等多种分布式策略。然而，这些策略的高效组合工程实现非常复杂，对于个人开发者来说难度较大。

通过这种分层逐步优化的方法，可以确保每一步都能有效利用可用的资源，从而提高整体的训练效率和性能。

 高级优化方法专题

在先前的章节里，我们详细讲解了提高GPU的计算和显存效率的方法和原理，以及如何在不同资源之间进行有效的置换。然而，由于PyTorch设计上更注重灵活性和用户友好性，其用户接口通常不会直接提供针对性能优化的选项。因此前面的章节主要是通过原理讲解指导读者在写代码过程中减少错误，从而避免不必要的性能浪费。

本章内容的重点则是介绍PyTorch针对性能优化开发的一些特殊模块，这些模块的主要作用是压榨硬件资源的潜力并进一步降低框架中的额外开销。与之前章节相比，这章提到的优化方法更综合，旨在全面地提高训练过程中的各项性能指标。

9.1 自动混合精度训练

传统GPU的计算能力主要是针对单精度浮点运算设计的。但近年来随着深度学习的流行，低精度计算越来越受到重视。在第3章介绍GPU的核心参数时我们提到过，NVIDIA从Volta架构之后就增加了专门用于加速矩阵乘法和累加操作的TensorCore硬件单元，在半精度甚至更低精度计算任务中相比传统CUDA核心可以实现数倍加速。由于比特数减半的原因，相比单精度而言，使用半精度在计算性能和访存性能以及显存占用方面都有巨大的优势。尽管可能会导致计算精度下降，但混合精度训练通常可以通过精心设计的策略来减少这种影响，并保持与单精度训练相近的模型精度。正确的使用和调试混合精度训练需要熟知各种表示方法的精度和表示范围，因此我们将从基础的浮点数在计算机中的表示方法讲起，随后介绍在PyTorch中使用半精度和单精度混合训练的方法。

9.1.1 浮点数的表示方法

浮点数（floating point numbers）是计算机中用来表示实数的一种方法，它使用二进制数字0或1（也叫一比特）来编码数值的不同部分。在常用的IEEE 754标准中规格化浮点数的表示方法如下所示：

$$number = (-1)^{sign\ bit} * (1.mantissa) * 2^{(exponent-bias)}$$

- **符号位**（sign bit）决定了数值的正负。如果符号位为0，则数值为正；如果符号位为1，则数值为负。
- **尾数**（mantissa）是表示数值的有效数字。在规格化的浮点数表示中，会假定前面有一个隐含的"1"，即"1.mantissa"。这意味着实际的有效数字比存储的尾数多了一位。
- **指数**（exponent）是用来表示数值大小范围的部分。从上面的公式可以看到指数部分实际上是由指数和偏移量（bias）共同决定的。在一个浮点数表示方法中，**偏移量**通常是一个固定的值。

我们以float16为例来直观地理解浮点数的表示方法。float16的构成如图9-1所示，它包括1个比特的符号位，5个比特的指数，以及10个比特的尾数，其中偏移量固定为15。

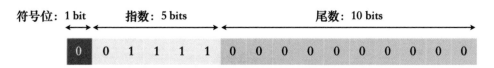

图9-1 float16的数位示意图：以表示"半精度1.0"为例

以图9-1展示的二进制数0 01111 0000000000为例，让我们一步步拆解这个二进制数字，来看看它代表的浮点数具体是什么：

- 符号位为0表示这是一个正数。
- 指数为01111，二进制转为十进制为数字15。
- 尾数为0000000000，由二进制转为十进制为0。

代入上面的公式我们知道这个float16浮点数表示的值是+1.0。

$$number = (-1)^0 * (1.0) * 2^{15-15} = 1.0$$

在选择浮点数的表示方式时，我们主要关注两个核心指标：精度和数值范围。精度描述了浮点数能区分的最小数值，更高的精度意味着计算结果更为精确，误差更小。**数值范围**则是浮点数能表示的最小和最大数值之间的区间。如果需要表示的数值超出了这个范围，就会发生下溢（即太小的数被归零）或上溢（即太大的数变成无穷大），这种情况会对计算的准确性和可靠性产生影响。例如，在科学计算中，可能需要处理极小或极大的数值，如果表示范围不够广，就无法准确表达这些数值。

从上面的公式我们可以看到数值范围主要由指数部分决定。而精度主要由尾数的位数决定，尾数位数越多，能够表达的数值细节也越丰富，从而使得计算结果更加准确。为了更直观理解不同的表示方法对精度和数值范围的影响，我们仍旧以float16为例，将其能够表示的数字展示在了图9-2。为了方便理解，这里只绘制了正数部分，且暂不考虑特殊数值如无穷大（Infinity）、非数（NaN）的表示。

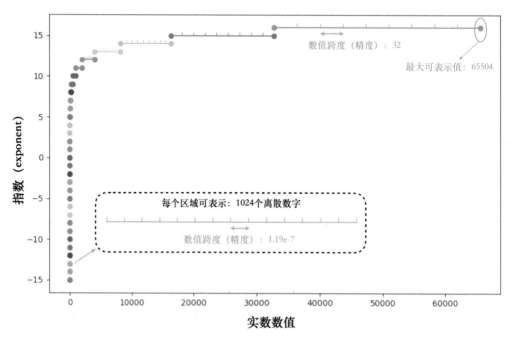

图9-2　float16表示实数数值的示意图

指数部分，确切地说是指数减去偏移量后的数字，将float16的所有可以表示的正规格浮点数划分到了几个不同的档位[1]，比如 $2^{-15} \, 2^{-14} \cdots 2^0 \, 2^1, 2^1 \, 2^2 \cdots 2^{15} \, 2^{16}$。因此指数能取到的最大值和最小值决定了float16的数值范围。

在同一指数档位中，不同的尾数就相当于在该档位的最小值和最大值中间均等地插入若干可以表示的数字。当我们想要找到一个实数的对应表示时，必须找到离自己最近的可以表示的数字。比如float16的尾数会在每个档位中插入1024个数字，这样 2^6 和 2^7 的数字间隔为 $\dfrac{64}{1024} = 0.0625$。所以落在这个档位中的两个实数，如果差异在 0.0625 以下则会被表示成同一个float16数字，这就是尾数对数值精度的影响。

那么float16在数值精度和范围上相比float32如何呢？float32的表示方法和float16类似，除了1个符号位之外，还有8位指数和23位尾数。float32的指数最高可达128，而float16则只有16。所以数值范围上float32能表示的最大值大致是float16的 $2^{128}/2^{16} \approx 5.2 \times 10^{33}$ 倍，可见float16的数值范围缩小了非常多。对于尾数方面，float32的尾数有23位而float16只有10位，以落在 $2^0 \sim 2^1$ 范围的实数为例，float32能区分相差在 $\dfrac{1}{2^{23}}$ 以内的数字，但是float16则只能区分 $\dfrac{1}{2^{10}}$ 以内的数字，二者精度的差异在 2^{13} 量级左右。

在总位数有限的前提下，业界会根据不同应用对数值范围和精度的需求，调整尾数和指数的位数分配。例如，谷歌为深度学习特别设计的bfloat16格式，分配了8位给指数和7位给尾数。这种设计虽然牺牲了一部分数值精度，但是保持了与float32相同的数值范围，有效帮助防止了在深度学习中常遇到的梯度爆炸和消失问题。简单起见，本章后面的内容中我们主要以float16数据为例进行讲解。

9.1.2　使用低精度数据类型的优缺点

半精度数据已成为深度学习硬件支持的标准数据类型之一。与float32相比，使用float16主要带来性能和存储方面的优势：

- 计算效率更高：16位浮点数的计算速度通常是32位浮点数的两倍。
- 存储空间更少：16位浮点数仅需32位浮点数一半的存储空间。
- 传输速度更快：较小的存储需求意味着在相同时间内传输更少的数据量，这不仅能加速硬盘读写速度，也有助于提高内存、显存以及多级缓存的读写效率。

尽管使用低比特数据类型可以带来一定的性能提升和存储优势，我们也不得不付出一些额外的代价，比如：

- 数值范围和精度的限制：如在9.1.1小节所讨论，float16的数值范围和精度较低。float32可以表示 $[-3.4 \times 10^{38}, 3.4 \times 10^{38}]$ 区间的数字，而float16则只能表示

1　指数位全部为0，指数值为-15时为非规格化浮点数，篇幅原因本书并未提到，感兴趣的读者可以自行查阅。

[−65504, 65504] 区间的数值。数值精度方面，float32能够表示的最小正数约为 1.4×10^{-45}，而float16只能表示到 5.96×10^{-8}。

- 额外的数值转换开销：并非所有计算操作都适合使用float16，而在float32与float16之间的数据转换可能会产生额外的性能开销。
- 需要特定硬件支持：为了充分利用float16的优势，必须配备支持半精度运算加速的硬件，如NVIDIA的AI计算卡或RTX30系列以上的显卡。在老旧或不支持float16计算的GPU上，不仅性能提升不明显，还可能因数据转换的额外开销而导致性能下降。

因此，在选择使用float16进行模型训练时，需要综合考虑这些因素，确保技术选型符合实际应用需求。

9.1.3　PyTorch 自动混合精度训练

上面提到使用float16的主要目的是追求性能提升以及存储空间减少，但代价则是数值精度和数值范围的大幅降低。具体到深度学习训练过程中，float16主要会带来三个问题：

（1）首先，训练初期数值波动往往较大，这容易导致使用float16时发生数据溢出，从而产生NaN或Inf等问题。需要采取措施来处理不同训练轮次间数值范围的差异。

（2）其次，训练中一个普遍的问题是前向传播中的张量与反向传播中的梯度在数值范围上有显著差异——前向张量的数值通常较大，而反向梯度的数值较小。在更换为float16后会加剧数值溢出的风险，因此我们需要平衡前向张量和反向梯度的数值范围。

（3）最后，使用float16本质上是在性能和精度之间进行取舍，不同的算子对数值精度的需求不一，因此受益于float16加速的程度也会有所不同。我们希望能够自动判断哪些算子适合使用float16加速，并自动对这些算子的输入输出张量进行类型转换。

PyTorch 的自动混合精度训练正是为了解决上述三个问题而存在的，它提供了两个核心接口：torch.autocast和torch.cuda.amp.GradScaler。

torch.autocast 的作用是根据算子类型，自动选择使用半精度（float16）或单精度（float32）进行计算，以适应不同算子对精度的要求，达到较好的性能、精度平衡。

torch.cuda.amp.GradScaler 则用于平衡前向张量和反向梯度的数值范围。其基本原理是利用一个放大系数（scale factor），在不引起梯度溢出的情况下尽可能使用较高的放大系数，从而充分利用float16的数值范围。训练过程中如果检测到梯度溢出，GradScaler会自动跳过该次的权重更新，并相应缩小放大系数。如果一段时间内未发生梯度溢出，GradScaler则会尝试增加放大系数，以最大化float16的数值范围利用率。

让我们来构造一个例子说明PyTorch自动混合精度训练的具体使用方法，并展示其性能优化效果。为了达到较好的float16加速效果，需要准备一个计算密集型的模型，那么自然以卷积为主较好。

```
 1 import torch
 2 import time
 3 import torch.nn as nn
 4 from torch.profiler import profile, ProfilerActivity
 5 from torch.optim import SGD
 6 from torch.utils.data import TensorDataset
 7
 8
 9 class SimpleCNN(nn.Module):
10     def __init__(self, input_channels):
11         super(SimpleCNN, self).__init__()
12         self.conv1 = nn.Conv2d(
13             input_channels, 64, kernel_size=3, stride=1, padding=1
14         )
15         self.conv2 = nn.Conv2d(64, 128, kernel_size=3, stride=1, padding=1)
16         self.conv3 = nn.Conv2d(128, 256, kernel_size=3, stride=1, padding=1)
17         self.conv4 = nn.Conv2d(256, 512, kernel_size=3, stride=1, padding=1)
18         self.relu = nn.ReLU()
19
20     def forward(self, x):
21         out = self.relu(self.conv1(x))
22         out = self.relu(self.conv2(out))
23         out = self.relu(self.conv3(out))
24         out = self.relu(self.conv4(out))
25         return out
26
27
28 def train(dataset, model, use_amp):
29     optimizer = SGD(model.parameters(), lr=0.1, momentum=0.9)
30
31     scaler = torch.cuda.amp.GradScaler(enabled=use_amp)
32     for batch_data in dataset:
33         with torch.autocast(
34             device_type="cuda", dtype=torch.float16, enabled=use_amp
35         ):
36             result = model(batch_data[0])
37             loss = result.sum()
38
39         optimizer.zero_grad()
40         scaler.scale(loss).backward()
41         scaler.step(optimizer)
42         scaler.update()
43
```

　　在支持float16计算的RTX3090机器上分别运行混合精度训练模式开启和关闭状态的程序，代码如下所示。我们会发现使用混合精度后训练速度接近使用前的一倍。

```
 1 N, C, H, W = 32, 3, 256, 256  # Example dimensions
 2
 3 data = torch.randn(10, N, C, H, W, device="cuda")
 4 dataset = TensorDataset(data)
 5
 6 model = SimpleCNN(C).to("cuda")
 7
 8 # warm up
 9 train(dataset, model, use_amp=False)
10 torch.cuda.synchronize()
```

```
11 # 测量未使用AMP时的时间和性能图谱
12 start_time = time.perf_counter()
13 with profile(activities=[ProfilerActivity.CPU, ProfilerActivity.CUDA]) as prof:
14     train(dataset, model, use_amp=False)
15     torch.cuda.synchronize()
16 prof.export_chrome_trace("traces/PROF_wo_amp.json")
17 end_time = time.perf_counter()
18 elapsed = end_time - start_time
19 print(f"Float32 Time: {elapsed} seconds")
20
21 # warm up
22 train(dataset, model, use_amp=True)
23 torch.cuda.synchronize()
24 # 测量使用AMP后的时间和性能图谱
25 start_time = time.perf_counter()
26 with profile(activities=[ProfilerActivity.CPU, ProfilerActivity.CUDA]) as prof:
27     train(dataset, model, use_amp=True)
28     torch.cuda.synchronize()
29 prof.export_chrome_trace("traces/PROF_amp.json")
30 end_time = time.perf_counter()
31 elapsed = end_time - start_time
32 print(f"Float16 Time: {elapsed} seconds")
33
```

在性能画像中可以看到有比较明显的重复模式,这对应了程序中的10个迭代步骤。可以看到使用混合精度训练后每个迭代的时间从741ms缩短到了363ms,并且从kernel的名称可以进一步确认PyTorch调用了float16对应的内核函数。

图9-3 开启混合精度训练前后的性能图像

上:float32精度训练 ｜ 下:float16混合精度训练

需要再次强调的是,PyTorch自动混合精度需要配合支持float16的硬件使用,比如NVIDIA A100、H100或RTX30、RTX40系列等,读者可以通过查阅相应的硬件说明来了解其支持情况。除此以外,自动混合精度是有额外开销的——频繁的float16—float32转换在某些场景可能反而会导致整体性能下降。

一般来说,自动混合精度在GPU使用率越高的场景中,加速效果越明显。对于GPU

使用率很低，以CPU瓶颈为主的训练过程，自动混合精度训练的性能可能反而变差——额外的数据转换开销不可忽视。

9.2 自定义高性能算子

在3.3节中，我们详细探讨了PyTorch的动态图机制，并且提到PyTorch设计注重灵活性和易用性，相对而言，性能并非首要考虑。因此当算子的计算效率成为程序的性能瓶颈，更进一步的优化会面临两个主要挑战：

（1）缺少全局的计算图：PyTorch主要提供基础算子，但是由于缺少全局的计算图信息无法自动合并计算，这也极大限制了PyTorch在算子层面的优化空间。

（2）调度开销：由于动态图模式中每个算子是独立的，因此每次调用都伴随一次调度开销。

针对前述性能问题，手动对性能瓶颈进行优化可以有效提升硬件的使用效率。在开发者深入了解计算图的前提下，编写自定义算子不仅可以合并多个算子降低调度开销，还可以精细控制GPU的执行，包括线程块的配置以及内存访问模式等。以flash-attention库[1]为例，它为Transformer模型中的自注意力部分提供了专门的自定义算子，通过优化内存访问模式和充分利用GPU的并行处理功能来提升计算效率。

然而，想要用好自定义算子的前提是必须对算子的内存访问模式、计算瓶颈以及CUDA/C++编程有深入的了解。我们建议只在进行性能优化和模型部署的后期阶段考虑使用自定义算子。在模型的开发阶段，应以简单易用的PyTorch原生算子为主。

9.2.1 自定义算子的封装流程

在这一节中，我们将使用Sigmoid函数作为例子，演示如何开发一个支持CPU和CUDA输入的自定义算子。但需要注意本节重点不是探讨具体CUDA算子的优化技巧，因此这个例子在性能上可能还不如PyTorch的原生算子。相反，我们将重点介绍实现的步骤和基本原理，以帮助读者理解如何移植社区中已存在的自定义算子，并为未来自行编写算子奠定基础。

如图9-4所示，实现一个PyTorch自定义算子包含三个核心步骤，分别是：

（1）[C++/CUDA] 算子的多后端代码实现，比如CPU实现、CUDA实现等。

（2）[Python] 将算子注册到Python中，通过Pybind将算子导入到Python。

（3）[PyTorch] 将算子注册到PyTorch中，封装成nn.Module便于在PyTorch中调用。

1　https://github.com/Dao-AILab/flash-attention

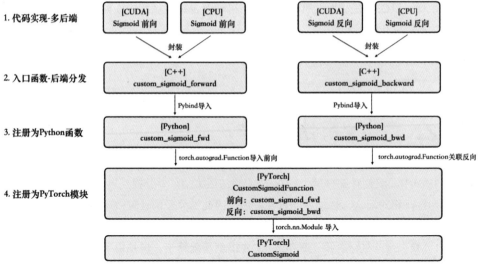

图中文字：

1. 代码实现-多后端

[CUDA] Sigmoid 前向　　[CPU] Sigmoid 前向　　　　[CUDA] Sigmoid 反向　　[CPU] Sigmoid 反向

封装　　　　　　　　　　　封装

2. 入口函数-后端分发

[C++] custom_sigmoid_forward　　　　　[C++] custom_sigmoid_backward

Pybind导入　　　　　　　　　　　Pybind导入

3. 注册为Python函数

[Python] custom_sigmoid_fwd　　　　　[Python] custom_sigmoid_bwd

torch.autograd.Function导入前向　　　　torch.autograd.Function关联反向

4. 注册为PyTorch模块

[PyTorch] CustomSigmoidFunction 前向：custom_sigmoid_fwd 反向：custom_sigmoid_bwd

torch.nn.Module 导入

[PyTorch] CustomSigmoid

图9-4　自定义算子的封装流程示意图

由于篇幅限制，接下来我们将专注于CUDA后端，一步步演示从算子的实现到其在PyTorch中的注册过程。

9.2.2　自定义算子的后端代码实现

首先来定义Sigmoid的CUDA核函数实现，我们将其写在custom_sigmoid_cuda.cu文件中：

```
1  #include <cuda.h>
2  #include <cuda_runtime.h>
3  #include <torch/extension.h>
4
5  #include <iostream>
6  #include <vector>
7
8  template <typename scalar_t>
9  __global__ void sigmoid_kernel(const scalar_t *__restrict__ input_tensor_data,
10                                 scalar_t *__restrict__ output_tensor_data,
11                                 size_t total_num_elements) {
12     // 计算要处理的元素位置
13     const int element_index = blockIdx.x * blockDim.x + threadIdx.x;
14
15     if (element_index < total_num_elements) {
16         // 在单个元素上进行sigmoid计算
17         scalar_t x = input_tensor_data[element_index];
18         scalar_t y = 1.0 / (1.0 + exp(-x));
19
20         // 将计算结果写回显存
21         output_tensor_data[element_index] = y;
22     }
23  }
24
```

对于没有CUDA知识的读者，可以暂时跳过这部分的代码阅读。简单来说，我们实现的sigmoid_kernel函数可以读取输入张量的显存地址，进行运算后，再将结果写入输出张量的显存地址中。这里模版的作用仅仅是为了方便支持不同类型的数据。

细心的读者可能发现在头文件中引用了 torch/extension.h。这个头文件里包含了PyTorch为自定义算子提供的一系列预置函数和接口，在后续用到的时候再行讲解。刚才定义的是CUDA 核函数，接下来要对其进行进一步的封装，让它能接受并返回torch::Tensor，这里 torch::Tensor 就是 PyTorch提供的C++层面的张量：

```
1  torch::Tensor custom_sigmoid_cuda_forward(torch::Tensor input) {
2      size_t total_num_elements = input.numel();
3
4      auto output = torch::zeros_like(input);
5
6      const int threads = 512;
7      const int blocks = (total_num_elements + threads - 1) / threads;
8
9      // 将实现好的CUDA kernel注册为前向算子的CUDA后端实现
10     AT_DISPATCH_FLOATING_TYPES(
11         input.type(), "sigmoid_kernel", ([&] {
12             sigmoid_kernel<scalar_t><<<blocks, threads>>>(
13                 input.data<scalar_t>(), output.data<scalar_t>(),
14                 total_num_elements);
15         }));
16
17     return output;
18 }
19
```

这里定义了一个名为custom_sigmoid_cuda_forward的封装函数，主要逻辑是将数据从输入张量中加载，配置好CUDA 线程数和线程块数之后，调用之前写好的 sigmoid_kernel逐个元素进行 Sigmoid操作，再将结果写到输出张量output中。这里 AT_DISPATCH_FLOATING_TYPES是torch/extension.h中提供的辅助函数，它会根据输入张量的动态类型，自动找到并调用相应sigmoid_kernel<T>的模板实现。

通过类似的方式，我们把Sigmoid的反向实现也补充进去：

```
1  template <typename scalar_t>
2  __global__ void sigmoid_grad_kernel(
3      const scalar_t *__restrict__ output_tensor,
4      const scalar_t *__restrict__ output_grad_tensor,
5      scalar_t *__restrict__ input_grad_tensor, size_t total_num_elements) {
6      // 计算要处理的元素位置
7      const int element_index = blockIdx.x * blockDim.x + threadIdx.x;
8      if (element_index < total_num_elements) {
9          // 在单个元素上进行sigmoid的梯度计算
10         scalar_t output_grad = output_grad_tensor[element_index];
11         scalar_t output = output_tensor[element_index];
12         scalar_t input_grad = (1.0 - output) * output * output_grad;
13         // 将计算结果写回显存
14         input_grad_tensor[element_index] = input_grad;
15     }
16 }
```

```
17
18 torch::Tensor custom_sigmoid_cuda_backward(torch::Tensor output,
19                                            torch::Tensor output_grad) {
20     size_t total_num_elements = output_grad.numel();
21     auto input_grad = torch::zeros_like(output_grad);
22     const int threads = 512;
23     const int blocks = (total_num_elements + threads - 1) / threads;
24
25     // 将实现好的CUDA kernel注册为反向算子的CUDA后端实现
26     AT_DISPATCH_FLOATING_TYPES(
27         output_grad.type(), "sigmoid_grad_kernel", ([&] {
28             sigmoid_grad_kernel<scalar_t><<<blocks, threads>>>(
29                 output.data<scalar_t>(), output_grad.data<scalar_t>(),
30                 input_grad.data<scalar_t>(), total_num_elements);
31         }));
32
33     return input_grad;
34 }
35
```

9.2.3 自定义算子导入Python

到此为止，实现了Sigmoid算子的CUDA后端代码，用类似的方法还可以实现Sigmoid的CPU或者其他后端代码。但是我们最终需要根据Python中的 torch.device 来决定调用哪个后端的代码，所以这里还需要实现一层代码分发的机制。下面的代码是一个简易的Sigmoid CPU后端的实现，并且会根据输入张量的后端来决定调用算子的CUDA实现或是CPU实现：

```
1 #include <torch/extension.h>
2
3 #include <iostream>
4 #include <vector>
5
6 // forward declarations or include the header
7 torch::Tensor custom_sigmoid_cuda_forward(torch::Tensor input);
8
9 torch::Tensor custom_sigmoid_cuda_backward(torch::Tensor output,
10                                            torch::Tensor output_grad);
11
12 // 简易的Sigmoid前向算子的CPU后端实现
13 torch::Tensor custom_sigmoid_cpu_forward(torch::Tensor input) {
14     return 1.0 / (1 + torch::exp(-input));
15 }
16
17 // 简易的Sigmoid反向算子的CPU后端实现
18 torch::Tensor custom_sigmoid_cpu_backward(torch::Tensor output,
19                                            torch::Tensor output_grad) {
20     return (1 - output) * output * output_grad;
21 }
22
23 // 进行前向算子的后端实现分发
24 torch::Tensor custom_sigmoid_forward(torch::Tensor input) {
25     TORCH_CHECK(input.is_contiguous(), "input must be contiguous")
26
```

```
27        if (input.device().is_cuda()) {
28            return custom_sigmoid_cuda_forward(input);
29        } else {
30            return custom_sigmoid_cpu_forward(input);
31        }
32 }
33
34 // 进行反向算子的后端实现分发
35 torch::Tensor custom_sigmoid_backward(torch::Tensor output,
36                                       torch::Tensor grad_output) {
37     TORCH_CHECK(grad_output.is_contiguous(), "input must be contiguous")
38
39     if (output.device().is_cuda()) {
40         return custom_sigmoid_cuda_backward(output, grad_output);
41     } else {
42         return custom_sigmoid_cpu_backward(output, grad_output);
43     }
44 }
45
46 PYBIND11_MODULE(TORCH_EXTENSION_NAME, m) {
47     // 注册算子以便在Python中调用
48     m.def("sigmoid_fwd", &custom_sigmoid_forward, "Custom sigmoid forward");
49     m.def("sigmoid_bwd", &custom_sigmoid_backward, "Custom sigmoid backward");
50 }
51
```

这里我们用custom_sigmoid_forward以及custom_sigmoid_backward做了一层简单的封装，然后调用PYBIND11_MODULE将其注册到Python中，方便后续在Python代码中调用C++代码中定义的算子。

9.2.4 自定义算子导入PyTorch

为了能最终在PyTorch中使用我们编写的算子，还需要写一个 setup.py 文件来编译并最终以Python模块的形式，导入到PyTorch中：

```
1 from setuptools import setup
2 from torch.utils.cpp_extension import BuildExtension, CppExtension
3
4
5 setup(
6     name="custom_ops",
7     ext_modules=[
8         CppExtension(
9             "custom_ops",
10            [
11                "custom_sigmoid.cpp",
12                "custom_sigmoid_cuda.cu",
13            ],
14            extra_compile_args={"cxx": ["-g"], "nvcc": ["-O2"]},
15        )
16    ],
17    cmdclass={"build_ext": BuildExtension},
18 )
19
```

使用下述指令编译自定义的Python模块custom_ops：

```
1 python setup.py install
2
```

我们进一步将自定义的Sigmoid算子作为 torch.nn.Module 导入到PyTorch中：

```
1 import torch
2 from torch.autograd import Function
3
4 # custom_ops 便是我们自定义的Python扩展模块，包含了C++中编写的自定义Sigmoid算子
5 import custom_ops
6
7
8 class CustomSigmoidFunction(Function):
9     @staticmethod
10    def forward(ctx, input):
11        # 调用自定义算子的前向操作
12        output = custom_ops.sigmoid_fwd(input)
13        ctx.save_for_backward(output)
14        return output
15
16    @staticmethod
17    def backward(ctx, grad_output):
18        (output,) = ctx.saved_tensors
19        # 调用自定义算子的反向操作
20        grad_input = custom_ops.sigmoid_bwd(output, grad_output.contiguous())
21        return grad_input
22
23
24 class CustomSigmoid(torch.nn.Module):
25     def forward(self, input):
26         return CustomSigmoidFunction.apply(input)
27
```

这里我们使用torch.autograd.Function将CustomSigmoid算子的前向函数和反向函数关联起来，与PyTorch的自动微分系统无缝衔接，在反向图中插入对应的自定义反向传播函数。

9.2.5　在Python中使用自定义算子

到此为止，我们完成了所有自定义算子的注册流程。接下来可以像使用其他PyTorch原生算子一样，在PyTorch中调用我们注册的自定义算子，让我们来实际测试一下：

```
1 import torch
2 import torch.nn.functional as F
3 import numpy as np
4 from custom_sigmoid_op import CustomSigmoid
5
6
7 def run(np_input, sigmoid_op, device="cuda"):
8     x = torch.tensor(np_input, dtype=torch.double, device=device,
   requires_grad=True)
```

```
 9      output = sigmoid_op(x)
10
11      loss = torch.sum(output)
12      loss.backward()
13
14      return output.clone(), x.grad.clone()
15
16
17  custom_sigmoid = CustomSigmoid()
18
19  device = "cuda"
20
21  np_input = np.random.randn(10, 20)
22
23  # 确保自定义算子各个后端的计算结果与PyTorch原生Sigmoid算子的结果是一致的
24  for device in ["cpu", "cuda"]:
25      sigmoid_out_torch, sigmoid_grad_torch = run(np_input, torch.sigmoid, device)
26      sigmoid_out_custom, sigmoid_grad_custom = run(np_input, custom_sigmoid,
    device)
27
28      # Compare results
29      if torch.allclose(sigmoid_out_torch, sigmoid_out_custom) and torch.allclose(
30          sigmoid_grad_torch, sigmoid_grad_custom
31      ):
32          print(f"Pass on {device}")
33      else:
34          print(f"Error: results mismatch on {device}")
35
```

可以验证我们的实现和PyTorch原生的Sigmoid算子结果是一致的。

9.3 基于计算图的性能优化

在第3章中，我们了解到深度学习模型运行的是一个由算子节点构成的计算图。但是，在PyTorch的动态图模式下，每次算子调用都会立即执行，并不会保留全局计算图信息，导致失去了许多优化的机会。那么，如何让PyTorch在执行计算前能够保留并优化整个计算图呢？事实上，PyTorch开发团队已经探索了包括torch.jit.trace、TorchScript和Lazy Tensor等多种方法。不过这些方法在提升性能的同时，都不可避免地牺牲了动态图的易用性。为了在性能与易用性之间找到平衡，从2.0版本起，PyTorch引入了图优化工具 torch. compile。

torch.compile 能够追踪 PyTorch 程序，即时构建模型的计算图，并通过一系列优化转化生成性能大幅提升的模型代码执行。它的核心特性之一是在必要时能够回退到 Python 解释器，这样极大地平衡了易用性与性能。同时，torch.compile 的接口设计简洁，使其成为一种非常值得尝试的优化工具。

本小节会分为两个层次讲解 torch.compile。对于只希望使用 torch.compile 来优化性能的读者来说，只需要阅读 9.3.1 小节了解 torch.compile 的使用示例以及大致的优化方法即可。对于 torch.compile 内部流程和调试方法感兴趣的朋友则可以进一步阅读后续小节，届时会讨论 torch.compile 的大致实现原理，并开启一些调试选项来观察其生成的底层代码。

9.3.1　torch.compile的使用方法

整体来说，torch.compile 是一个极其复杂的系统，它覆盖了诸多领域，包括计算图的提取、优化以及跨后端的代码生成——这一系统本身就可以专门写一本书了。尽管如此，读者并不需要深入了解所有的实现细节，便能轻松享受 torch.compile 所提供的性能提升，因为启用它只需简单一行代码。让我们用一个例子来展示 torch.compile 的开启方法，并观察其性能优化效果：

```python
import torch
import torch.nn as nn


class SimpleNet(nn.Module):
    def __init__(self):
        super(SimpleNet, self).__init__()
        self.fc1 = nn.Linear(1000, 20000)

    def forward(self, x):
        x = torch.relu(self.fc1(x))
        y = x
        for _ in range(50):
            y = y * x
        return y


# 未经优化的模型
model = SimpleNet().cuda()

# 打开torch.compile追踪模型的执行过程并自动优化
compiled_model = torch.compile(model)


def timed(fn):
    start = torch.cuda.Event(enable_timing=True)
    end = torch.cuda.Event(enable_timing=True)
    start.record()
    result = fn()
    end.record()
    torch.cuda.synchronize()
    return result, start.elapsed_time(end) / 1000


N_ITERS = 5


def benchmark(model):
```

```
39    times = []
40    for i in range(N_ITERS):
41        input_data = torch.randn(1000, 1000, device="cuda")
42        _, time = timed(lambda: model(input_data))
43        times.append(time)
44    return times
45
46
47 print("eager模式", benchmark(model))
48 print("打开torch.compile后", benchmark(compiled_model))
49
50 # 输出
51 # eager模式 [1.1121439208984376, 0.01659187126159668, 0.01635430335998535,
   0.016350208282470705, 0.016306175231933593]
52 # 打开torch.compile后 [1.79336083984375, 0.002367487907409668,
   0.0022937600612640383, 0.002292736053466797, 0.002288640022277832]
53
```

在RTX3090 GPU上运行上面的代码可以看到使用torch.compile后模型的第一次运行变慢了，这是计算图的提取和编译优化导致的，但是从第二次运行开始便可以达到近8倍的加速。性能的提升其实主要有两个来源：一方面是计算图一旦编译好，其生成的代码会被缓存起来，后续循环中可以直接调用编译好的计算图，而省去了算子单独调用的额外开销；另一方面则是 torch.compile 进行了一定的图优化，包括而不限于算子的融合、替换等，其最终生成的高性能 triton 算子也是性能提升的来源之一。

除了使用默认配置以外，torch.compile 还有一些常见参数可以进行调整：

（1）启用fullgraph模式获取完整的计算图。直观上，PyTorch 捕获的计算图越大且越完整，提供的优化空间也就越广泛。然而，在捕获计算图的过程中，由于直接从 Python 中获取张量值或使用第三方 Python 库，计算图的构建可能会被中断。这种中断可能导致形成多个计算图，每个图仅含有部分信息，从而限制了整体优化的潜力。例如，一些本可以在单一完整计算图中进行融合的算子，因为图的分割而无法合并。对于对性能有较高要求的用户，推荐启用 fullgraph 选项，这样，一旦计算图发生中断，系统会立即报错，帮助用户及时发现并处理潜在的图断裂问题，启用代码如下。

```
1 torch.compile(..., fullgraph=True)
2
```

（2）支持动态形状输入的编译。计算图及其生成的代码会被缓存以便重复使用。然而，一旦输入张量的形状或其他元数据发生改变，可能需要重新编译计算图。在输入形状频繁变化的场景中，重新编译的成本可能会抵消性能优化带来的益处。为解决这一问题，torch.compile 正在积极开发支持动态形状（dynamic shape）的功能。这项功能需要在保证计算正确性和效率的同时，处理不断变化的输入数据形状，使得其实现相当复杂。用户可以通过 dynamic 选项手动启用或禁用此功能。

```
1 torch.compile(..., dynamic=True)
2
```

（3）调整编译和执行模式。CUDA graph能够通过记录一系列 GPU 操作，如内核执行和内存拷贝，创建一个可重用的GPU操作序列。它可以显著减少从 CPU 到 GPU 的调用次数，从而提高了 GPU 应用程序的效率。结合这种技术，torch.compile 可以利用 CUDA graph 的优势，进一步优化在 GPU 上执行的 PyTorch 程序，减少执行中的开销并提升整体性能。用户可通过激活 reduce-overhead 模式来启用 CUDA graph 功能。

```
1 torch.compile(..., mode="reduce-overhead")
2
```

在考虑性能优化时，笔者推荐首先尝试使用 torch.compile 并观察其对程序速度的提升。因为启用 torch.compile 通常只需修改一行代码，可以迅速得到性能反馈。如果发现 torch.compile 没有显著提升性能，通常不建议普通开发者投入大量时间去深入调试，因为 torch.compile 的系统复杂性使得深入调试的性价比较低。第9.3.2节和9.3.3节将详细介绍 torch.compile 的底层运行机制和调试方法，这对于希望深入理解和调试 torch.compile 性能的读者将非常有用，对此不感兴趣的读者可以选择跳过这部分内容。

9.3.2　计算图的提取

对于基于计算图的优化技术而言，其最大的挑战通常不在于如何优化计算图本身，而在于如何从动态图模式中成功提取计算图。这个过程核心在于将PyTorch的调用与其他Python逻辑有效分离。鉴于PyTorch编译器无法解析所有Python代码逻辑，必须从代码中分离出与PyTorch张量和算子相关的操作，以构建可优化的计算图。提取PyTorch计算图主要有两种途径：基于Python运行时的跟踪和对源代码的静态分析。接下来，我们通过一个具体例子来探讨这两种方法的区别和应用，使用的Python代码如下所示。

```
1 class DataDependentNet(nn.Module):
2     def __init__(self):
3         super(DataDependentNet, self).__init__()
4         self.linear1 = nn.Linear(10, 5)
5         self.linear2 = nn.Linear(5, 2)
6         self.linear3 = nn.Linear(5, 3)
7
8     def forward(self, x):
9         tmp = F.relu(self.linear1(x))
10        # 有数据依赖的控制流: 如果x的第一个元素大于0.5, 使用linear2, 否则使用linear3
11        if tmp[0, 0] > 0.5:
12            return self.linear2(tmp)
13        else:
14            return self.linear3(tmp)
15
```

基于Python运行时的跟踪（tracing）方法本质上是在模型执行过程中动态捕捉计算图，也就是通过监视 PyTorch 操作的执行，来实时记录这些操作及其上下游之间的依赖关系。这种方法能够准确捕获模型实际执行时的行为，并且几乎可以无视控制流的影响——我们只捕获实际执行的分支即可，未被执行的分支就不放在计算图里了。如图9-7中左半部分所示，我们仅捕捉到了linear2这个操作，linear3操作由于其分支没有被执行便没有出现在计算图中。JIT tracing、lazy tensor和torch.compile都是基于跟踪的方法。

基于源码分析（source code analysis）的方法本质上是通过分析模型的源代码结构来构建计算图。这种方法不需要实际运行模型，而是直接解析代码中的静态结构。因此能够获取模型中包括Python控制流在内的完整视图——无论这些代码路径是否会实际执行。如图9-5右半部分所示，linear2和linear3连同控制逻辑都被捕获到了计算图中：

基于源码分析的方法能够识别Python中的控制流结构，如if-else和for循环，同时将所有相关操作提取至同一计算图中，从而最大化保持图的完整性。这种方法的典型工具是TorchScript。拥有一张完整计算图的全局信息对图优化极为有利。然而，在实际应用中，TorchScript很难完全支持所有Python语言特性，使用时可能需要对原始代码进行调整，这可能影响代码的结构和灵活性。总的来说，当TorchScript能够顺利运行时，它能提供非常优异的性能，但为了让它能跑起来，用户可能需要在代码的编写上做出较大的妥协。

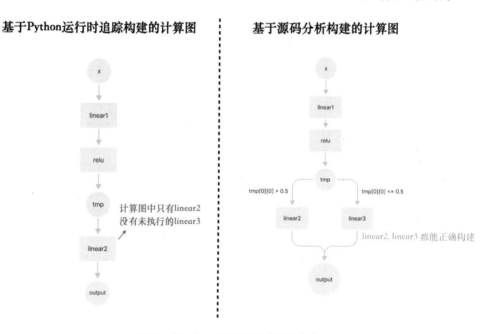

图9-5　从Python代码提取计算图的方法

左：基于运行时代码追踪　|　右：基于源码分析

那么，torch.compile 是如何工作的呢？它在 Python 程序运行时动态地分析 Python 字节码——这是 Python 代码编译后的中间表示形式，属于一种平台无关的指令集。通过 CPython提供了内部接口，torch.compile和Torch Pynamo技术在Python运行时捕获 PyTorch 的张量操作，并将这些操作转化成计算图。这个动态生成的计算图随后可以被进一步优化，并用于生成更高效的执行代码，这些代码在执行时将取代原来 Python 解释器中的函数调用。如果遇到难以转换成图的代码，torch.compile 会中断图的构建，并回退到标准的 Python 解释器来处理这部分操作。因此，torch.compile 创建的计算图是根据实际运行时的数据和操作动态生成的，图的创建、优化和代码生成过程对用户而言是透明的。这相当于用户仍在编写 Python 代码，但在执行过程中 torch.compile 会自动识别可改进的部分并进行优化，这对于用户来说几乎是"免费的午餐"。另外值得一提的是，通过AOT Autograd技术，torch.compile不仅能够捕获用户的前向代码，还能捕获反向传播的计算图，这意味着torch.compile具备了优化一张完整的前向和反向计算图的可能。

就像所有基于 Python 程序运行时跟踪的方法一样，torch.compile 在捕获计算图时也面临一定的局限性：

（1）它只能捕获在执行过程中实际运行的代码路径。这意味着如果模型中有依赖输入数据的分支或条件执行路径，那些在跟踪期间未执行的分支就不会被捕获。

（2）由于 torch.compile 主要专注于 PyTorch 的操作，如果代码依赖于外部库或特定的 Python 功能，这些部分可能不会被有效捕获和优化。

（3）在 Python 中对张量值的直接访问可能会中断图的构建，这会导致产生数量更多、信息较少的计算图。

通过源码分析，我们能够得到最精确且最简洁的计算图，但获取这样的图是极其困难的。相反，基于运行时跟踪的方法虽然使得获取计算图变得容易，但由于不能精确重现 Python 中的高级控制流，计算图可能因为循环或递归展开而变得复杂，这使得对计算图的分析和优化变困难了。这也是捕捉计算图时需要权衡的最重要因素。

9.3.3　图的优化和后端代码生成

不论是哪种提取方式，在获得计算图之后，torch.compile 利用后端（如默认的 inductor 后端）来执行的优化是几乎一致的。这些优化主要基于后端的特定策略和硬件的技术，而不是传统编译器所采用的标准优化流程。例如，当前的代码生成主要关注提高算子的计算效率，这需要通过算子融合、数据布局转换以及利用特定硬件的指令集来实现。这样做的目的是为了减轻开发者手动编写每个自定义算子的负担。

我们在9.3.1小节的示例代码中使用PyTorch profiler打印其性能图谱。从图9-6可以看出 torch.compile 在底层生成了 triton [1]算子，该算子将原本的乘法算子、ReLU算子融合在了一起。

图9-6　开启 torch.compile 之后的性能图像

1　https://github.com/openai/triton

除了性能图谱，我们还可以通过更直接的方式观察到 torch.compile 生成的代码，只需要在设置环境变量 TORCH_COMPILE_DEBUG=1后重新执行即可。比如下面代码是由 inductor 后端生成的将relu和50个mul算子融合成一个算子的triton代码。生成的融合算子不仅降低了算子调用的成本，而且还是针对当前输入定制的最优实现。这正是 torch.compile 实现加速的核心要素。

```
1  @pointwise(
2      size_hints=[33554432],
3      filename=__file__,
4      triton_meta={
5          "signature": {0: "*fp32", 1: "*fp32", 2: "i32"},
6          "device": 0,
7          "device_type": "cuda",
8          "constants": {},
9          "configs": [
10             instance_descriptor(
11                 divisible_by_16=(0, 1, 2),
12                 equal_to_1=(),
13                 ids_of_folded_args=(),
14                 divisible_by_8=(2,),
15             )
16         ],
17     },
18     inductor_meta={
19         "autotune_hints": set(),
20         "kernel_name": "triton_poi_fused_mul_relu_0",
21         "mutated_arg_names": ["in_out_ptr0"],
22     },
23     min_elem_per_thread=0,
24 )
25 @triton.jit
26 def triton_(in_out_ptr0, in_ptr0, xnumel, XBLOCK: tl.constexpr):
27     xnumel = 20000000
28     xoffset = tl.program_id(0) * XBLOCK
29     xindex = xoffset + tl.arange(0, XBLOCK)[:]
30     xmask = xindex < xnumel
31     x0 = xindex
32     tmp0 = tl.load(in_ptr0 + (x0), xmask)
33     tmp1 = triton_helpers.maximum(0, tmp0)
34     tmp2 = tmp1 * tmp1
35     tmp3 = tmp2 * tmp1
36     ...  # 篇幅原因省略中间的行
37     tmp49 = tmp48 * tmp1
38     tmp50 = tmp49 * tmp1
39     tmp51 = tmp50 * tmp1
40     tl.store(in_out_ptr0 + (x0), tmp51, xmask)
41
```

9.4 本章小结

总体来说，本章节介绍的高级优化方法旨在GPU满载的基础下进一步提高计算效率。这些方法通常涉及复杂的底层机制，要求开发者具备高性能计算相关知识，且调试难度较高，总体而言，需要对底层机制了如指掌才能用的得心应手。因此基于笔者自身的模型训练经验，建议按照一定的顺序来尝试这些高级优化技巧。

首先推荐尝试使用torch.compile，因为其开启方法简单且几乎没有副作用。只需在训练模型外层添加torch.compile，并观察性能变化即可。如果性能下降或torch.compile提示"回退到Eager模式"，则说明当前网络结构无法直接被torch.compile优化；但一旦性能提升效果明显可以算是"得来全不费功夫"。

其次，推荐尝试自动混合精度训练，因为半精度训练通常能显著提升性能。尽管对收敛性和模型质量可能有一定影响，但大多数模型在开启自动混合精度训练后，仍能达到与单精度训练相似的结果。然而，使用自动混合精度训练时应保持谨慎，需要仔细验证收敛性。因此，自动混合精度训练是一种有潜在风险的优化方法。

我们将自定义算子的优先级放在了最后，主要原因是其投入产出比相对较低且不确定性较大。通常仅建议在需要极致性能优化的场景下尝试自定义算子。熟悉CUDA和CPU加速且具备高性能计算背景的开发者，可以通过自行编写高性能算子来优化特定应用场景，这种方法要求较高的开发水平，并需要投入大量时间和精力。另一种选择是使用开源算子库，不过第三方算子库往往存在局限性或副作用，未必能直接应用于自己的模型，且实际优化效果不可控。

综上所述，高级优化方法通常在使用门槛、精力和时间投入方面有较高的要求，但一旦成功适配，能够显著提升性能。在第10章GPT-2优化全流程中，我们应用了torch.compile和自动混合精度训练两种方法，取得了显著的性能提升。感兴趣的读者可以移步第10章，直观感受这些高级优化技巧的效果。

10 GPT-2优化全流程

在前面的章节中我们学习了诸多优化方法，不过在讲解单个优化技巧时，出于阅读体验的考虑，往往使用比较简单的代码示例。然而这些优化方法在实际模型训练中究竟表现如何？本章就以GPT-2模型训练为例，从实战中检验这些优化技巧的具体效果。

之所以选择GPT系列模型，主要是因为其模型结构简单并且具有较强的可拓展性——几乎可以扩大到任意大小的模型。在模型的具体实现上，本章使用的模型代码主要基于MinGPT[1]开源代码修改而来。选择MinGPT的原因是其代码简洁的同时，几乎没有应用太多优化技巧，也因此非常适合展示优化的具体效果。

考虑到性能优化和显存优化常常是互斥的，本章会分两个小节独立讲解显存和性能优化。虽然这两者的优化目标不同，它们的优化流程却是相似的，每一个优化步骤都包括以下四个阶段：

（1）打印性能或显存图谱。

（2）定位瓶颈点。

（3）选择合适的优化方法。

（4）评估优化效果。

显然，我们能够采用的优化方法取决于硬件配置以及模型的特点，并不可能涵盖所有已经讲解的优化技巧。在本章中没有出现的优化技巧，并不代表其效果不好，仅仅是因为在这个样例的训练过程中没有出现对应的性能瓶颈。

最后，需要明确的是，本章的目标并非将GPT-2模型优化到极致，而是展示如何在一个真实的模型优化流程中定位问题、理解问题，并应用书中提到的通用优化技巧的过程。大模型的快速发展催生了许多专门针对GPT模型的优化方法，但这些非通用技巧都不在本章展示范围之内。

1　https://github.com/karpathy/minGPT

10.1 GPT模型结构简介

为了帮助不熟悉语言模型的读者建立基本的模型概念,我们将在这一小节简要介绍GPT模型。

一般来说对模型结构的深入了解对于针对性的优化是有额外帮助的。但在本章中我们不会讨论针对特定模型结构或训练流程的特殊优化技巧,相反,我们将聚焦于更通用的优化方法,这样即使读者对模型结构不熟悉,也不会影响对训练过程的分析和优化。

可以使用PyTorch原生的Tensorboard接口来可视化模型结构,通过如下代码来开启Tensorboard功能:

```
1  from torch.utils.tensorboard import SummaryWriter
2
3  writer = SummaryWriter(f"gpt_{config.model.model_type}")
4
5
6  ...
7
8
9  model = GPT(config.model)
10 batch = [t.to(trainer.device) for t in next(iter(trainer.train_loader))]
11 writer.add_graph(model, batch)
12 writer.close()
13
```

运行训练程序后我们会在当前目录下观察到一个名字为 gpt_gpt-mini 的文件夹,可以用以下指令打开 Tensorboard 可视化界面:

```
1  tensorboard --logdir gpt_gpt-mini
2
```

Tensorboard 默认运行在 http://localhost:6006/ 地址,只需要在浏览器中打开它就可以看到模型结构了,如图10-1所示。

整体来说GPT模型结构中最为核心的是其中间多个连续的 Transformer Block 模块,这也是大部分计算发生的位置。

除此以外,GPT的模型结构有很强的可扩展性,我们可以通过简单地增加或减少Transformer Block的数量来调整模型规模。比如GPT-2提供了标准、中等、大型、超大型四个不同规模的GPT模型,它们的核心区别主要体现在三个参数上面。其中最重要的两个参数是Transformer Block的数量(n_layers)以及Embedding的维度(n_embd),前者指堆叠的Transformer模块数量,后者则决定了输入张量的尺寸,如图10-2所示。

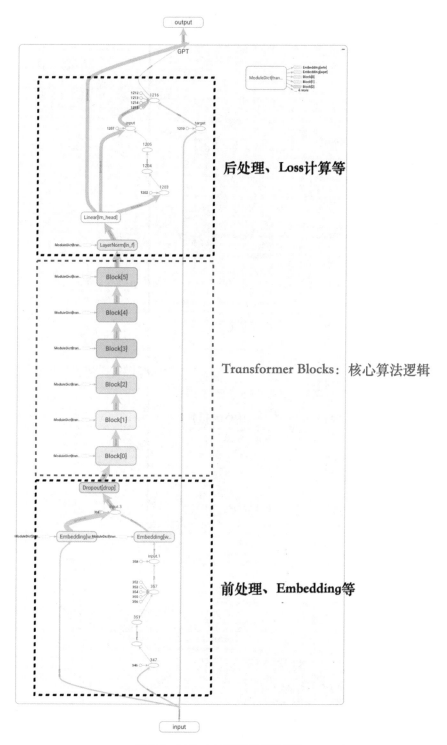

图10-1　GPT-mini 模型结构可视化图

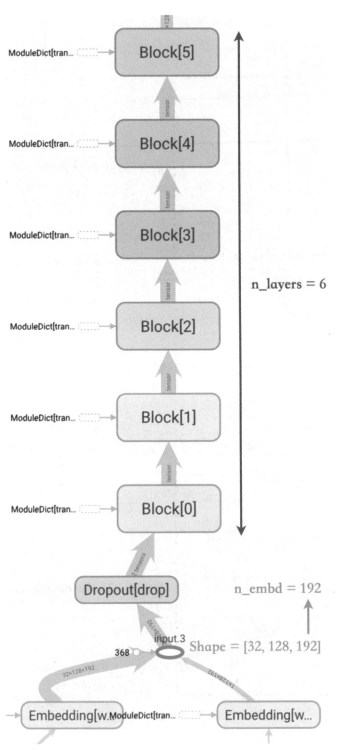

图10-2 GPT参数n_layers与n_embd示意图

大模型动力引擎——PyTorch性能与显存优化手册

可想而知，n_layers和n_embd是对模型规模有决定性影响的两个参数。第三个参数则是n_heads，这是Transformer Block中的自注意力模块的一个内部参数，主要对分布式以及模型并行有帮助，但是对模型规模影响不大——因此我们重点关注前两个参数即可。

10.2 实验环境与机器配置

本章的训练机器是从云服务提供商租赁的，与训练相关的主要硬件配置有：
- CPU：AMD EPYC 9554 64-Core。
- GPU：2×H100 PCIe 80GB。

为了保证测试结果的稳定性，参考第4章对软件环境和测试代码进行了如下配置：
- 随机数：所有测试均使用相同的随机数种子。
- 锁频：对GPU和CPU进行锁频处理。
- 预热：性能测试前进行至少10轮训练的预热。

除非特别指出，后续实验中记录的时间都是基于相同总样本量的训练用时。因此，采用分布式训练时，所记录的时间将显著少于单卡训练的时间。

10.3 显存优化

一般来说，我们进行显存优化的主要目的是消除显存溢出（Out of Memory，OOM）错误，从而在现有硬件的基础上，将更大的模型运行起来。

虽然在出现OOM的情况下，也可以打印显存占用图谱、定位显存峰值位置，但是无法量化地展示每个技巧节省显存的效果。因此在展示显存优化技巧时，我们选择使用规模相对较小的GPT-large模型，并将其显存占用不断降低。

GPT-large模型具有774M个参数，其n_layers为36，n_embd为1280，n_heads为20，未经任何优化且BatchSize为32时，其训练占用显存量为35GB左右。

总体而言，显存优化的过程很直观：首先打印出显存使用情况，然后确定显存使用峰值的位置，分析产生峰值的原因，并制定相应的显存优化策略。不断重复这些步骤，就可以逐步减少模型的显存占用。在本节的最后，我们还会展示应用了显存优化之后，最大可训练的模型规模扩大了多少倍。

10.3.1　基准模型

参考7.2小节的内容，虽然可以通过 torch.cuda.max_memory_allocated 或者 torch.cuda.max_memory_reserved 来打印PyTorch的显存占用，但是实际的显存占用还是要以 NVIDIA-smi 的结果为准。为了保持严谨，我们将统一参考 NVIDIA-smi 显示的显存使用数据。此外，我们还将打印显存使用图表，以帮助分析显存使用的峰值位置。

不经任何优化的GPT-large模型占用的显存为36272 MB，训练10240个样本数量的时间为16.3s。从图10-3的显存图像中可以看出显存峰值出现在前向传播结束，而反向传播尚未开始的位置。一般来说，显存峰值出现在这里是因为生成的反向计算图中缓存了过多的中间结果。

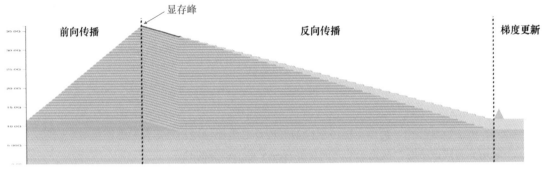

图10-3　GPT-large的基准显存图像

10.3.2　使用跨批次梯度累加

当显存峰值出现在前向传播结束的位置，同时显存占用又随着反向传播的进度逐渐降低，这一般是因为前向传播过程中，构建反向计算图时缓存了一部分前向的张量数据。

如何降低这些前向张量的显存占用呢，其实最简单的方法是对BatchSize下手。不过直接降低BatchSize对模型的吞吐量会有较大的影响。因此这里使用7.5.1小节讲到的跨批次梯度累加的方法，在不改变有效BatchSize的情况下，减小前向张量的尺寸。

将跨批次梯度累加的因数设置为2，也就是每轮的BatchSize减半，每两轮训练后进行一次参数更新。优化后，显存峰值下降到25194 MB，而训练10240个样本花费的总时间增加到17.2s。

这时再来观察显存占用图像，如图10-4所示。

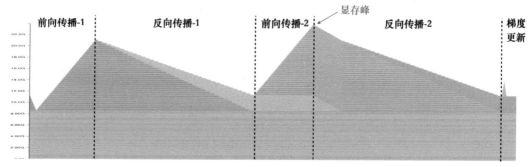

图10-4　开启跨批次梯度累加后的显存图像

可以看出原先的一个显存峰被拆成了两个显存峰，对应跨批次梯度累加的两轮连续训练过程。然而两个显存峰的峰值依然各自出现在前向传播刚刚结束、反向传播尚未开始的位置，这说明削减前向张量的尺寸只是缓解了问题，而没有根除峰值出现的原因。

10.3.3　开启即时重算前向张量

可以从根本上解决这个问题，其关键就在于要求PyTorch减少对前向过程中间结果的缓存，这可以通过7.5.2小节的即时重算方法实现。我们在Transformer Block中开启即时重算后，显存峰值下降到15394 MB。不过相应的训练10240个样本的时间增加到了23.1s，这是因为需要在反向传播时重新计算前向张量所致。优化后的显存图像如图10-5所示。

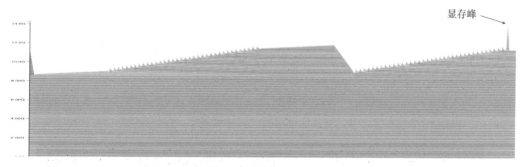

图10-5　开启即时重算前向张量的显存图像

可以看出目前的显存峰值移动到了右侧的一个小峰位置，这个小峰则对应于优化器的梯度更新过程。

10.3.4　使用显存友好的优化器模式

如果我们想进一步压缩显存占用，则可以参考7.5.4小节的内容，采用速度会慢一点但是显存占用低的优化器更新模式。改为使用 for-loop 模式之后显存占用下降到了13108 MB，运行时间增加到了23.5s。优化后的显存图像如图10-6所示。

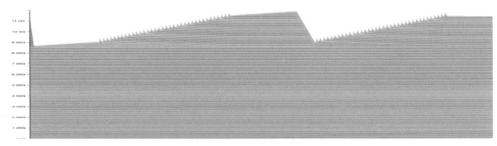
图10-6 使用for-loop模式优化器之后的显存图像

可以看到显存峰并不尖锐，这说明大头的显存占用已经优化得七七八八了。如果想要继续压缩显存占用，则主要有三条路线。

（1）首先进一步压平显存峰，这就需要使用7.4.1小节讨论的原位算子等技巧对模型代码进行更为细致的优化。

（2）其次是压缩显存图像的底部区域，针对这一块区域的显存需要使用副作用比较大的优化方法，比如降低BatchSize，或是使用低精度数据存储模型参数等更为激进的方法，普通的混合精度训练对显存优化效果比较有限。

（3）最后则是增加GPU计算卡的数量，通过分布式手段来进一步减小单卡的显存需求。

10.3.5 使用分布式方法降低显存占用——FSDP

使用分布式系统压缩显存的方法有很多，比如8.4.2小节中提到的流水线并行，张量并行等，这其中尝试门槛最低的方法是FSDP。FSDP的适用范围很广，可以自动分割模型参数而几乎不需要太多手动调优，也没有其他模型并行里的诸多限制。同时它能在显存占用和训练性能中达到不错的平衡。在有足够GPU卡和机器的情况下，通过FSDP扩大训练的模型规模，是非常容易上手的大模型分布式训练技术。

为了简单起见，这里使用第8章中提到的accelerate库来启用FSDP，配置细节如图10-7所示。FSDP的参数非常之多，这里所使用的配置并非最优，仅作参考。

```
Which type of machine are you using?
multi-GPU
How many different machines will you use (use more than 1 for multi-node training)? [1]:
Should distributed operations be checked while running for errors? This can avoid timeout issues but will be slower. [yes/NO]:
Do you wish to optimize your script with torch dynamo?[yes/NO]:
Do you want to use DeepSpeed? [yes/NO]:
Do you want to use FullyShardedDataParallel? [yes/NO]: yes

What should be your sharding strategy?
FULL_SHARD
Do you want to offload parameters and gradients to CPU? [yes/NO]:

What should be your auto wrap policy?
SIZE_BASED_WRAP
What should be your FSDP's minimum number of parameters for Default Auto Wrapping Policy? [1e8]: 1000

What should be your FSDP's backward prefetch policy?
NO_PREFETCH

What should be your FSDP's state dict type?
SHARDED_STATE_DICT
Do you want to enable FSDP's forward prefetch policy? [yes/NO]:
Do you want to enable FSDP's `use_orig_params` feature? [yes/NO]:
Do you want to enable CPU RAM efficient model loading? Only applicable for 🤗 Transformers models. [YES/no]: no
Do you want each individually wrapped FSDP unit to broadcast module parameters from rank 0 at the start? [YES/no]:
How many GPU(s) should be used for distributed training? [1]:2

Do you wish to use FP16 or BF16 (mixed precision)?
no
```

图10-7 FSDP的accelerator配置示意图

大模型动力引擎——PyTorch性能与显存优化手册

这里要特别强调，FSDP会使用NCCL进行GPU卡间通信，而这些通信进程也会占用额外的显存。考虑到这部分显存占用并不会被PyTorch捕获，必须使用 NVIDIA-smi 等驱动级的显存工具来测量FSDP开启后的显存峰值。

这里将一个模型的参数分散到了两张GPU卡上，其中最大的单卡峰值降低到了8502 MB。由于FSDP是基于数据并行的方法，使用和之前实验相同的单卡BatchSize，综合两张卡的数据吞吐量，训练固定样本数的时间为17.1s。虽然速度变快了，但是我们实际上消耗的是两张卡的算力。

10.3.6 显存优化小结

我们在图10-8中总结了每一步观察到的显存峰值位置、采用的显存优化方法、对显存占用的优化效果和对训练性能产生的正面或负面影响。

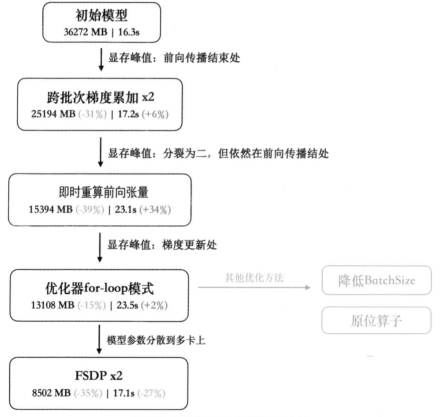

图10-8 显存优化方法及其效果整合图

最后来评估一下优化前后，H100 GPU上可训练的最大模型规模增大了多少。我们从GPT2-large开始，使用与GPT2 -> GPT2-medium -> GPT2-large相似的比例继续扩大模型规模，并将显存占用和参数规模的关系展示在图10-9中。

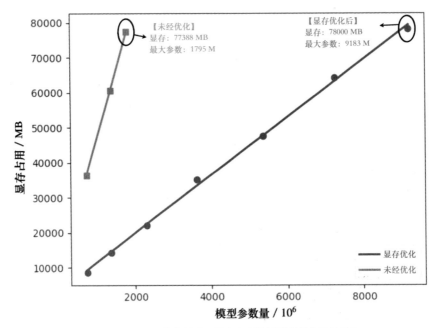

图10-9　优化前后，显存占用随模型规模的增长趋势

可以看出显存优化前 H100 的80GB显存只能支持到1795M规模的模型，但是经过显存优化附加开启双卡FSDP之后，则最大能支撑9183M规模的模型——可训练的最大模型规模变为原先的5.1倍。当然这是在BatchSize = 32的情况下测试的最大可训练模型规模，如果进一步降低BatchSize则还可以再次扩大模型规模。

10.4 性能优化

在进行性能优化时，我们的目标是使整个训练过程能够在家用显卡上运行，以便大多数读者能够尝试实施我们的实验。由于性能测试的结果会随着硬件的差异而变化，读者可能无法完全复制书中的性能数据和优化步骤，但优化的基本思路是类似的。因此我们选择了GPT-mini作为性能优化的基础模型，它的参数量只有2.7M，整个训练过程的显存占用在2GB以内。具体来说，GPT-mini总共有6个Transformer Block，n_embd为192，n_heads为6。

与显存分析类似，性能分析的步骤也非常简单，只需要观察性能图像、定位性能瓶颈，然后想办法突破性能瓶颈即可。对于性能优化的提升效果，与10.3小节一样，也是用训练固定数量的样本所需的时间来衡量的，这个固定样本数量为 10240。

10.4.1 基准模型

运行训练代码，可以发现此时GPT-mini训练 10240 个样本数的平均时间在 7.68s 左右，重复5次测试的标准差为0.14s——这个波动程度可以接受。直接通过PyTorch Profiler打印其性能图像，对于这部分不甚熟悉的读者可以首先阅读第4.3小节的内容。性能图像如图10-10所示。

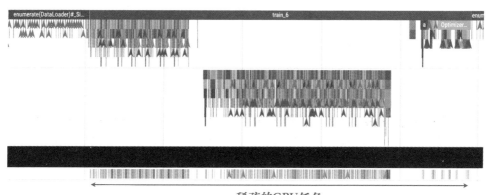

稀疏的GPU任务

图10-10　GPT-mini的基准性能图像

从性能图像中着重观察GPU队列的情况，可以看出此时GPU队列的空闲时间非常多，说明GPU没有跑满。参考6.2.1小节的分析，需要增加BatchSize来压榨GPU的计算潜力。

10.4.2 增加 BatchSize

将BatchSize从32增大到256，再次运行训练代码。此时GPT-mini训练 10240 个样本数的平均时间下降到 2.3s 左右，标准差为0.06s——只用了此前30%的时间。这时我们再次观察性能图像如图10-11所示。

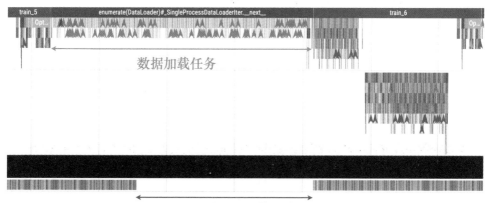

GPU任务被数据加载阻塞

图10-11　BatchSize由32提高到256之后的性能图像

我们发现GPU队列中出现了一段空闲，而这段空闲出现的位置与数据加载过程重合，说明这一段空闲很可能是因为GPU在等待CPU加载数据，所以接下来需要着重优化数据传输部分。

10.4.3 增加数据预处理的并行度

参考6.1.1小节中的优化方法，通过增加并行的数据加载与处理线程数量，来避免GPU等待数据加载过程。具体来说，将num_workers从0增大到4，优化之后平均时间降低到1.87s左右，标准差0.06s。观察图10-12的性能图像，可以发现数据加载的延迟在GPU队列上已经消失了，说明增加 num_workers 是起了作用的。但是仔细观察可以发现，图像中依然有一小部分GPU空闲。

数据加载显著降低

数据传输导致的阻塞

图10-12　num_workers由0提高到4之后的性能图像

进一步放大aten::to操作前后的GPU队列，如图10-13所示。

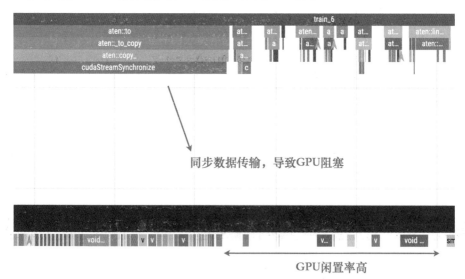

同步数据传输，导致GPU阻塞

GPU闲置率高

图10-13　同步传输导致GPU阻塞的示意图

我们发现 aten::to调用时会连带着调用一个cudaStreamSynchronize阻塞CPU，CPU没办法继续提交任务，导致GPU队列上依然出现一段闲置率较高的区域，虽然空闲时间并不多，但是这个现象在其他任务中很常见，可以通过异步的数据传输轻松地把这一段也优化掉。

10.4.4　使用异步接口完成数据传输

参考6.1.2小节的优化方法，我们将数据集读取出的张量放在锁页内存上，同时在数据拷贝时使用non_blocking=True，这样GPU队列就不需要等待CPU提交数据传输任务了，GPU队列上的空闲区域也就消失了，如图10-14所示。

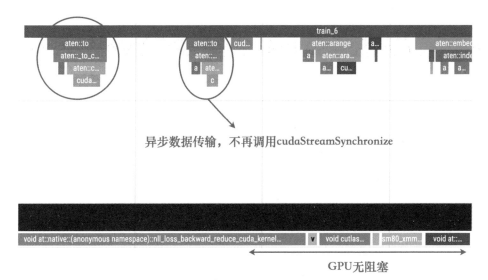

图10-14　开启异步传输（non_blocking）之后的性能图像

这时训练固定样本数量的平均时间下降到1.81s，标准差为0.01s。虽然有一定的优化效果，但是并不是特别显著，这主要是由于训练机器的CPU能力比较强，因此数据传输不太构成训练的主要瓶颈点。

考虑到目前数据传输过程已经不构成性能瓶颈了，我们对数据传输的优化也就到此为止了。然而在其他硬件环境中，尤其是单核CPU性能相对较弱的机器上，可能依然会观察到很长的数据加载时间，这时还可以考虑使用如下方法：

● 双重缓冲：参考6.1.3小节
● 低精度数据拷贝：参考6.5.1小节
● 数据预处理的优化：参考5.4小节

10.4.5　使用计算图优化

到目前为止，从性能图像上可以看出我们的GPU队列基本已经满负荷运转了，所以这时的优化方向需要以增加GPU计算效率为主。

这里有三条路线：一个是使用计算图优化，一个是开启低精度训练，最后一个则是使用高性能自定义算子进行加速。让我们先参考9.3小节的方法，使用 torch.compile 来开启计算图优化。打开torch.compile之后，性能图像如图10-15所示。

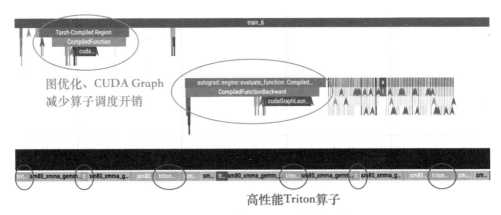

图10-15　开启计算图优化之后的性能图像

可以看出 torch.compile 的作用分两部分。从CPU队列上可以看到，原来的一系列CPU调用被替换为了 Torch-Compiled Region 这样的融合调用，同时开启了CUDA Graph等进一步降低调用延迟的优化。

GPU方面，可以看到底层部分算子被替换成了更加高效的 triton 算子实现，相当于自动完成的自定义算子加速，这也是为什么整体计算效率变高了许多。具体来说，训练固定样本的时间下降到了1.09s，标准差为0.03s。

10.4.6　使用float16混合精度训练

尽管图优化已经带来了不错的算子计算效率提升，但是可以看到GPU队列依然处于满负载的状态，说明性能瓶颈依然卡在计算效率上。这时可以考虑开启低精度训练，但是要注意float16训练可能对模型收敛性产生影响，并非完全通用的优化方法。经过验证，我们目前训练的GPT-2模型并不会因为混合精度训练导致不收敛，所以让我们直接沿用9.1小节的方法，开启float16自动混合精度训练。开启自动混合精度训练之后，可以明显看到性能图形中GPU队列重新变得稀疏起来，如图10-16所示。

这是因为float16降低了算子的计算量，减轻了GPU的计算压力，因此GPU的空闲区域再次变多了起来。

此时训练固定样本数的时间下降到了0.73s，标准差为0.04s。这里其实可以进一步增加BatchSize来压榨GPU算力，但本章就不重复已经进行过的优化了，有兴趣的读者可以自行探索其效果。

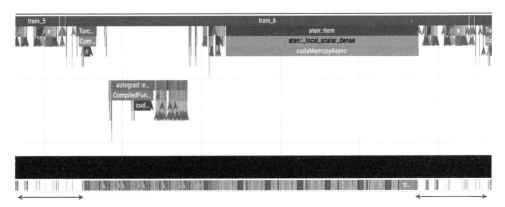

float16导致计算量降低，可以进一步压榨GPU

图10-16　开启自动混合精度训练之后的性能图像

10.4.7　（可选）使用自定义算子

除了前面小节使用的float16低精度训练以及图优化以外，我们还可以使用高性能自定义算子来提高GPU计算效率。一般来说自定义算子的来源有两种。

一种来源是根据对业务或者模型结构的理解，自行编写高性能CUDA算子。一些公司会配备专门的高性能计算工程师团队，而开发这些高效率自定义算子正是他们的主要工作内容之一。

另一种优化来源是开源社区提供的算子实现。热门的开源模型结构通常拥有庞大且活跃的社区支持。社区成员藏龙卧虎，经常能贡献比原生算子更高效的实现。开源社区常用的加速框架和算子库，如Apex[1]，DeepSpeed[2]，Transformer Engine[3]，Flash Attention[4]等都从不同的角度对训练中使用的算子进行了更深入的优化。

然而不管是编写自定义算子，还是套用开源实现，其适配和调试过程通常比较烦琐。综合考虑下来，我们在示例中就不将自定义算子纳入常规优化方法之列了，欢迎有兴趣的读者朋友自行搜索对应领域的高性能算子实现。

10.4.8　使用单机多卡加速训练

目前已经在单张GPU卡上将性能优化得七七八八了。想要继续提升速度，可以考虑增加计算卡的数量。最为常见的是从单卡过渡到单机多卡，也就是多张GPU计算卡安装在同一台训练机器上。在8.3小节中介绍了使用PyTorch DDP进行分布式计算加速，不过

1　https://github.com/NVIDIA/apex

2　https://github.com/microsoft/DeepSpeed

3　https://github.com/NVIDIA/TransformerEngine

4　https://github.com/Dao-AILab/flash-attention

这里为了简单起见，我们使用更为直观的accelerator框架提供的高层封装。

accelerator的基本思路与DDP一样，但是增加了更多的优化而且用户接口非常友好，详细使用方法可以参考其官方文档，或者直接参考当前示例的代码。我们在2x H100 PCIE机器上进行测试，训练时间下降到0.48s，标准差为0.02s。使用双卡训练的速度只是单卡的1.5倍左右，这个加速效果并不理想。观察图10-17中的性能图像可以看到GPU上出现了大量空闲，而且其位置对应 NCCL 通信过程，考虑到我们使用的是PCIe而非NVLink进行卡间通信，多卡间的通信延迟很可能是造成加速比不理想的原因之一。除此以外，在10.3.6 小节中也能观察到较多的GPU空闲，这说明我们在优化算子计算效率后，其实还可以进一步增加BatchSize来压榨GPU算力。开启数据并行时GPU并未跑满，这也是通信开销占比较高的另一个原因。

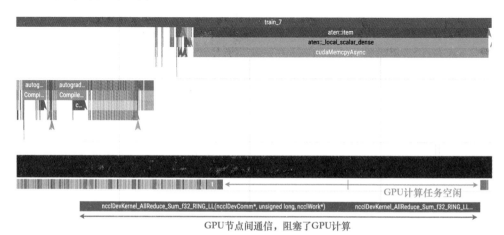

图10-17　开启单机双卡训练后的性能图像

10.4.9　使用多机多卡加速训练

一台机器能够容纳的GPU数量是有限的，通常每台机器可以容纳八张GPU卡。但如果有更多的机器，并希望加快训练速度，就可以采用多机多卡的方法来进一步加速训练。正如10.4.8中提到的，目前优化后的模型需要进一步调整Batchsize等参数，以达到单卡性能极限并最大化分布式训练的收益，因此这里不再详细说明多机训练的时间数据，仅讲解一下多机多卡的配置方法以供读者在自行尝试时参考。

假设有两台机器H1和H2，每台机器有2张H100训练卡。使用上一个小节中提到的accelerator框架，多机多卡的配置也非常简单，代码如下。

```
1  # 一般存储在`~/.cache/huggingface/accelerate/default_config.yaml`
2  compute_environment: LOCAL_MACHINE
3  debug: false
4  distributed_type: MULTI_GPU    # 使用多个GPU参与的分布式训练
5  downcast_bf16: 'no'
```

```
 6  enable_cpu_affinity: false
 7  machine_rank: 0  # 当前机器的序号为0，注意这个值在不同机器上也是不同的
 8  main_process_ip: 172.17.0.3  # 主进程的IP地址，可以通过`hostname -I`命令查询
 9  main_process_port: 25006  # 主进程任意空闲端口均可
10  main_training_function: main
11  mixed_precision: 'no'
12  num_machines: 2  # 总共有两台机器参与训练
13  num_processes: 4  # 总共有4个GPU参与训练
14  rdzv_backend: static
15  same_network: true
16  tpu_env: []
17  tpu_use_cluster: false
18  tpu_use_sudo: false
19  use_cpu: false
20
```

随后我们只需要在两台机器上分别启动训练即可，开发者可以通过两台机器上分别打印的训练日志来监测训练的进展。

10.4.10　性能优化小结

用图10-19总结每一步观察到的性能瓶颈，对应的性能优化方法，以及最终的效果。

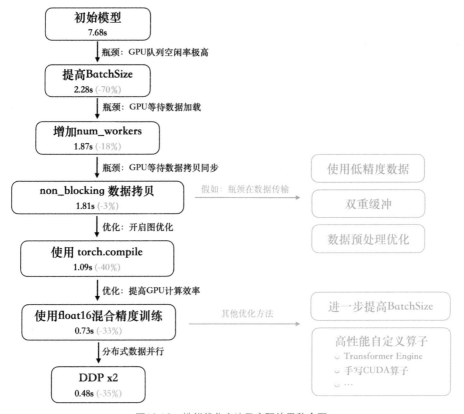

图10-18　性能优化方法及实际效果整合图

结语

工欲善其事，必先利其器。至此，面对大规模模型训练中数据和模型规模迅速增长的挑战，本书从显存和计算效率两个角度展开，通过实例演示和思路拆解单卡和分布式训练中的优化方法，帮助读者构建深度学习优化的"工具箱"，以便从容应对各种复杂的优化场景。

AI系统工程是伴随着人工智能领域的快速发展而兴起的一个新兴交叉学科，与传统的计算机科学和软件工程紧密相关。目前，这一领域仍处于早期且快速发展的阶段。正如前文所提到的，即使是相同的代码，在不同的软件和硬件配置下也可能表现出截然不同的性能特征。因此，书中展示的代码和性能图谱旨在阐明解决问题的思考方式。AI系统工程的魅力在于，它不是循规蹈矩的操作，而是需要综合多个领域的知识、在不同维度上进行资源置换和平衡。在这种需要灵活应对的环境中，掌握找到问题、解决问题的思路比技巧本身更为关键。

本书主要面向刚开始接触此领域的读者，重点在于清晰讲解相关的挑战和解决问题的思路。然而，由于篇幅限制，对于一些极具吸引力但更为细分的话题，探讨难免有所不足。例如，在分布式训练章节中我们着重讲解了切分的思路和方法，但实际操作中一个大规模模型在万卡级别的集群上的分布式训练远不止分布式策略这一项挑战，分布式系统软件和硬件的稳定性以及对故障的处理效率也是非常棘手的问题。不过由于深度学习模型的大规模分布式训练涉及较广，且仍然是一个高速发展和变化的领域，尚没有业界较为统一和易用的解决方案，因此在本书中更希望把现有的方法和思路讲清楚，希望本书的读者将来也能对推动这一领域的发展有所帮助。再如高性能CUDA算子的编写、AI编译器的自动优化，以及更高性能硬件的开发等内容，每个话题都足以单独写一本书。因此，在这些细分领域本书并不求面面俱到，而是着力于奠定基础概念和思路。

尽管本书详细讨论了许多性能优化的策略，但有一个非常重要的技巧尚未提及，那就是"始终从小处开始（start small）"这个原则。虽然与技术无关，但它在日常的开发中几乎无处不在。例如，当你开始编写一个新的训练程序时，应首先使用小型数据集和较少的参数量来构建模型，以确保程序正确运行。随后逐步加入新的功能，便于快速发现并修复可能存在的bug。同样，在遇到棘手的问题时，应努力寻找最小的可复现案例然后再进行深入分析。遵循这个原则可以让我们将复杂问题与庞大的深度学习系统解耦，快速解决问题。

　　本书得益于许多开源项目和博客分享的经验。在写作过程中，笔者努力将这些思路和技巧整合并以更系统、逻辑性更强的方式呈现给读者，同时也在不断学习和更新自己在这一领域的知识体系。尽管知识面和文笔有限，笔者仍希望本书能在实际开发中给读者带来帮助，也是抛砖引玉，希望有更多AI系统领域的优秀学者和工程师能够加入到知识的分享中来。